零基础

成长为造价高手系列——

装饰装修工程造价

主编　王晓芳　计富元

参编　陈巧玲　罗　艳　魏海宽

机械工业出版社

CHINA MACHINE PRESS

本书将造价员必须掌握的行业知识、专业内容与实际工作经验相结合,可以帮助刚入行人员与上岗实现"零距离",尽快入门,快速成为技术高手。

本书结合新定额与新清单及相关规范,按照专业工程造价的工作流程分步骤编排内容。将上岗基础知识、专业识图、工程造价计算、软件操作等内容按顺序编写,可帮助读者快速掌握造价相关专业内容,学会计算方法。

本书共分十章,内容主要包括造价人员职业制度与职业生涯、工程造价管理相关法律法规与制度、装饰装修工程施工、装饰装修工程识图、装饰装修工程造价构成与计价、装饰装修工程工程量计算、装饰装修工程定额计价、装饰装修工程清单计价、装饰装修工程造价软件应用、装饰装修工程综合计算实例。

本书内容丰富、深入浅出、通俗易懂,采用了新定额与新清单及相关规范,以计算规则、实例、计算公式、文字说明等形式,对建筑工程各分项的工程量计算方法进行了详细说明及解答。

本书既可作为相关培训机构的教材,也可供相关专业院校师生参考与使用。

图书在版编目(CIP)数据

装饰装修工程造价/王晓芳,计富元主编. —北京:机械工业出版社,2021.3
(零基础成长为造价高手系列)
ISBN 978-7-111-67698-0

Ⅰ.①装…　Ⅱ.①王…　②计…　Ⅲ.①建筑装饰－工程造价
Ⅳ.①TU723.3

中国版本图书馆 CIP 数据核字(2021)第 041699 号

机械工业出版社(北京市百万庄大街 22 号　邮政编码 100037)
策划编辑:张　晶　责任编辑:张　晶　范秋涛
责任校对:刘时光　封面设计:陈　沛
责任印制:郜　敏
涿州市京南印刷厂印刷
2021 年 4 月第 1 版第 1 次印刷
184mm×260mm · 11.5 印张 · 299 千字
标准书号:ISBN 978-7-111-67698-0
定价:49.00 元

电话服务　　　　　　　　　网络服务
客服电话:010-88361066　　机　工　官　网:www.cmpbook.com
　　　　　010-88379833　　机　工　官　博:weibo.com/cmp1952
　　　　　010-68326294　　金　书　网:www.golden-book.com
封底无防伪标均为盗版　机工教育服务网:www.cmpedu.com

前　言
Preface

　　随着我国国民经济的发展，建筑工程已经成为当今最具活力的行业之一。民用、工业及公共建筑如雨后春笋般地在全国各地拔地而起，伴随着建筑施工技术的不断发展和成熟，建筑产品在品质、功能等方面有了更高的要求。建筑工程队伍的规模也日益扩大，大批从事建筑行业的人员迫切需要提高自身专业素质及专业技能。

　　本书是"零基础成长为造价高手系列"丛书之一，结合了现行的考试制度与法律法规，全面、细致地介绍了建筑工程造价专业技能、岗位职责及要求，帮助工程造价人员迅速进入职业状态、掌握职业技能。

　　本书内容的编写，由浅及深，循序渐进，适合不同层次的读者。在表达上运用了思维导图，简明易懂、灵活新颖，重点知识双色块状化，杜绝了枯燥乏味的讲述，让读者一目了然。

　　本套丛书共五分册，分别为：《建筑工程造价》《安装工程造价》《市政工程造价》《装饰装修工程造价》《建筑电气工程造价》。

　　为了使广大工程造价工作者和相关工程技术人员更深入地理解新规范，本书涵盖了新定额和新清单相关内容，详细地介绍了造价相关知识，注重理论与实际的结合，以实例的形式将工程量如何计算等具体内容进行了系统的阐述和详细的解说，并运用图表的格式清晰地展现出来，针对性很强，便于读者有目标地学习。

　　本书可作为相关专业院校的教学教材，也可作为培训机构学员的辅导材料。

　　本书在编写的过程中，编者参考了大量的文献资料。为了编写方便，对于所引用的文献资料并未一一注明，谨在此向原作者表示诚挚的敬意和谢意。

　　由于编者水平有限，疏漏之处在所难免，恳请广大同仁及读者批评指正。

编　者

C目 录
Contents

第一章　造价人员职业制度与职业生涯

第一节　造价人员资格制度及考试办法

一、造价工程师概念

造价工程师是指通过全国统一考试取得中华人民共和国造价师职业资格证书，并经注册后从事建设工程造价业务活动的专业技术人员，如图 1-1 所示。

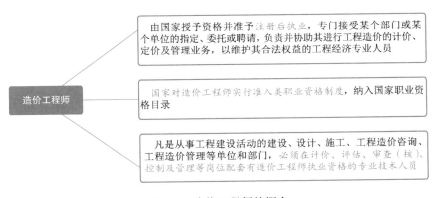

造价工程师

由国家授予资格并准予注册后执业，专门接受某个部门或某个单位的指定、委托或聘请，负责并协助其进行工程造价的计价、定价及管理业务，以维护其合法权益的工程经济专业人员

国家对造价工程师实行准入类职业资格制度，纳入国家职业资格目录

凡是从事工程建设活动的建设、设计、施工、工程造价咨询、工程造价管理等单位和部门，必须在计价、评估、审查（核）、控制及管理等岗位配套有造价工程师执业资格的专业技术人员

图 1-1　造价工程师的概念

二、造价工程师职业资格制度

造价工程师分为一级造价工程师和二级造价工程师。由住房和城乡建设部、交通运输部、水利部、人力资源和社会保障部共同制定造价工程师职业资格制度，并按照职责分工负责造价工程师职业资格制度的实施与监管。

一级造价工程师职业资格考试全国统一大纲、统一命题、统一组织。二级造价工程师职业资格考试全国统一大纲，各省、自治区、直辖市自主命题并组织实施。一级和二级造价工程师职业资格考试均设置基础科目和专业科目。

1）凡遵守中华人民共和国宪法、法律、法规，具有良好的业务素质和道德品行，具备如图 1-2

所示条件之一者，可以申请参加一级造价工程师职业资格考试。

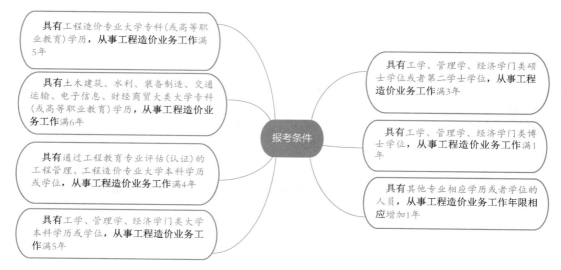

图 1-2　一级造价工程师报考条件

2）凡遵守中华人民共和国宪法、法律、法规，具有良好的业务素质和道德品行，具备如图1-3所示条件之一者，可以申请参加二级造价工程师职业资格考试。

图 1-3　二级造价工程师全科报考条件

3）关于造价员证书的规定：

①根据《造价工程师职业资格制度规定》，本规定印发之前取得的全国建设工程造价员资格证书、公路水运工程造价人员资格证书以及水利工程造价工程师资格证书，效用不变。

②专业技术人员取得一级造价工程师、二级造价工程师职业资格，可认定其具备工程师、助理工程师职称，并可作为申报高一级职称的条件。

③根据《造价工程师职业资格制度规定》，本规定自印发之日起施行。原人事部、原建设部发布的《造价工程师执业资格制度暂行规定》（人发〔1996〕77 号）同时废止。根据该暂行规定取得的造价工程师执业资格证书与本规定中一级造价工程师职业资格证书效用等同。

三、造价工程师职业资格考试

造价工程师职业资格考试专业科目分为土木建筑工程、交通运输工程、水利工程和安装工程四个专业类别，考生在报名时可根据实际工作需要选择其一。其中，土木建筑工程、安装工程专业由住房和城乡建设部负责；交通运输工程专业由交通运输部负责；水利工程专业由水利部负责。

一级造价工程师职业资格考试成绩实行4年为一个周期的滚动管理办法，在连续的4个考试年度内通过全部考试科目，方可取得一级造价工程师职业资格证书。二级造价工程师职业资格考试成绩实行2年为一个周期的滚动管理办法，参加全部2个科目考试的人员必须在连续的2个考试年度内通过全部科目，方可取得二级造价工程师职业资格证书。

一级造价工程师职业资格考试分4个半天进行。《建设工程造价管理》《建设工程技术与计量》《建设工程计价》科目的考试时间均为2.5小时，《建设工程造价案例分析》科目的考试时间为4小时（图1-4）。二级造价工程师职业资格考试分2个半天。《建设工程造价管理基础知识》科目的考试时间为2.5小时，《建设工程计量与计价实务》为3小时（图1-5）。

图1-4　一级造价工程师考试科目

图1-5　二级造价工程师考试科目

1）具有如图1-6所示条件之一的，参加一级造价工程师考试可免考基础科目。
2）具有如图1-7所示条件之一的，参加二级造价工程师考试可免考基础科目。

图1-6　一级造价工程师考试可免考基础科目　　　图1-7　二级造价工程师考试可免考基础科目

第二节 造价人员的权利、义务、执业范围及职责

一、造价人员的权利

造价人员的权利如图 1-8 所示。

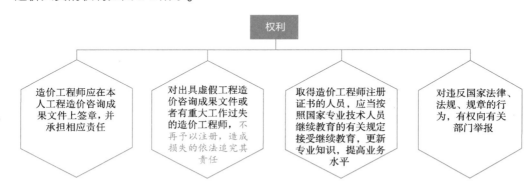

图 1-8 造价人员的权利

二、造价人员的义务

造价人员的义务如图 1-9 所示。

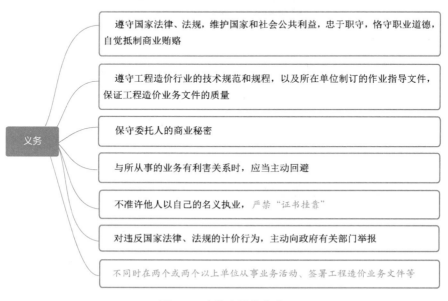

图 1-9 造价人员的义务

三、造价人员的执业范围

1）一级造价工程师的执业范围包括建设项目全过程的工程造价管理与咨询等，具体工作内容如图 1-10 所示。

2）二级造价工程师主要协助一级造价工程师开展相关工作，可独立开展的具体工作如图 1-11 所示。

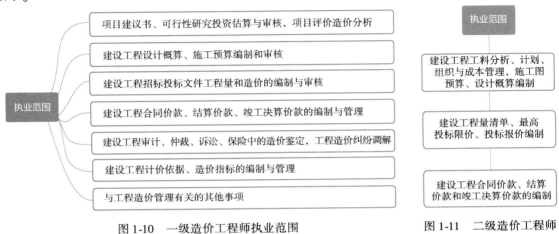

图 1-10　一级造价工程师执业范围

图 1-11　二级造价工程师
执业范围

四、造价人员的岗位职责

造价人员的岗位职责如图 1-12 所示。

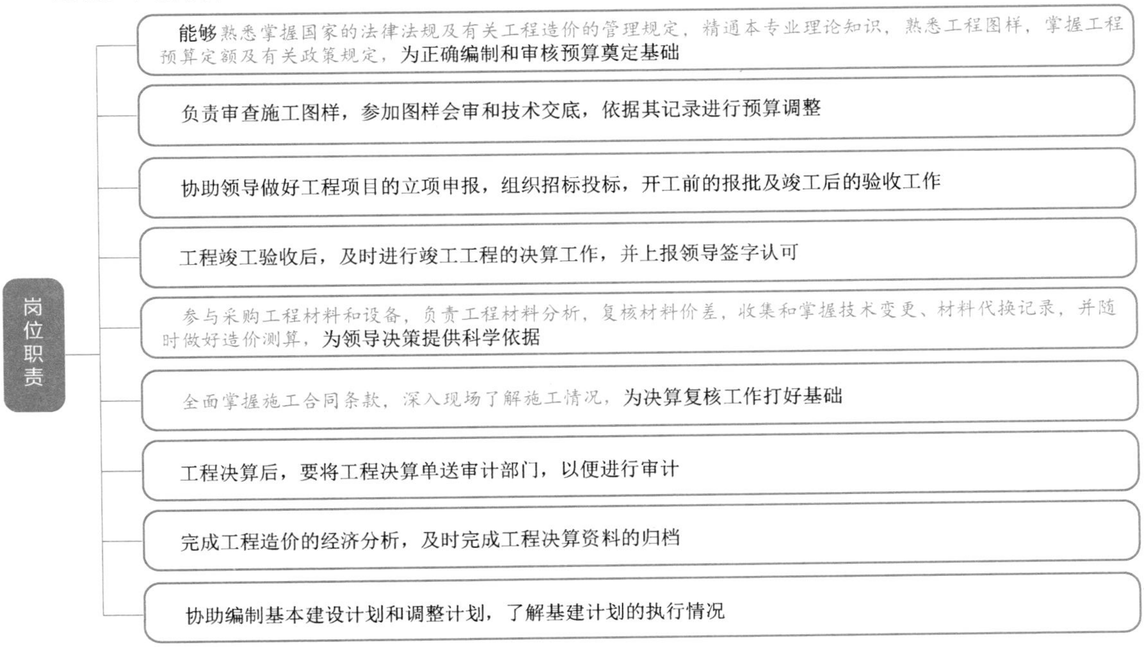

图 1-12　造价人员的岗位职责

第三节　造价人员的职业生涯

一、造价人员的从业前景

　　1）建筑工程行业发展迅猛，国家给与优惠政策，经济收益乐观，从事相关单位和人员技能水平要求高。

　　2）从事造价工程师的相关单位分布范围广，分土建、安装、装饰、市政、园林等造价工程师。企业人才需求量大，专业技术人员难觅。

　　3）考证难度高、通过率低，证书含金量颇高。

　　4）薪资待遇高，发展机会广阔。

　　5）造价工程师执业方向：

　　①建设项目建议书、可行性研究投资估算的编制和审核，项目经济评价，工程概算、预算、结算、竣工结（决）算的编制和审核。

　　②工程量清单、标底（或控制价）、投标报价的编制和审核，工程合同价款的签订及变更、调整、工程款支付与工程索赔费用的计算。

　　③建设项目管理过程中，设计方案的优化、限额设计等工程造价分析与控制，工程保险理赔的核查。

　　④工程经济纠纷的鉴定。

二、造价人员的从业岗位

　　（1）建设单位　预结算审核岗位、投资成本测算、全过程造价控制、合约管理。

　　（2）施工单位　预结算编制、成本测算。

　　（3）中介单位

　　1）设计单位：设计概算编制、可行性研究等工程经济业务等。

　　2）咨询单位：招标代理、预结算编审、全过程造价控制、工程造价纠纷鉴定。

　　（4）行政事业单位

　　1）财政评审机构：预结算审核、基建财务审核。

　　2）政府审计部门：基建投资审计。

　　3）造价管理部门及教学、科研部门：行政或行业管理、教学教育、造价科研。

　　建设单位、施工单位、中介单位是造价人员就业的三大主体。除此之外，还有造价软件公司、出版机构、金融机构、保险机构、新媒体运营等。

第四节　造价人员的职业能力

一、造价人员应具备的职业能力

1. 专业技术能力

1）掌握识图能力，是对造价人员的基本要求。

2）熟悉工程技术，对施工工艺、软件运用等技术问题要熟悉，出现问题时能够及时处理。

3）掌握工程造价技能。

①建设各阶段造价操作与控制能力。尤其是招标投标、合同价确定、合同实施、合同结算几个阶段的操控能力。

②掌握造价计价体系能力。目前主要有两种计价方式：定额计价与清单计价。

③要有经济分析与总结能力。包括主要财务报表编制、依据财务报表进行相关经济技术评价、竣工结算后的固定资产结算财务报告等。

2. 语言、文字表达能力

作为造价人员，要用言简意赅、逻辑清晰的语言、文字把复杂的问题表达清楚。比如合同管理、概预算编审报告的编制、各类报告文件的草拟，均需要造价人员有较强的文字表达与处理能力。不仅为了让自己看明白，也能更好地传递给他人。

3. 与他人沟通、相处能力

在做好本职工作的同时，也要善于和他人沟通、相处。比如工程结算对账、工程造价鉴定和材料询价等工作需要与对方沟通、交流，达成一致意见。造价不是一个闭门造车的工作，沟通是处理问题最直接、最有效的方式。

二、造价人员职业能力的提升

造价人员职业能力的提升如图 1-13 所示。

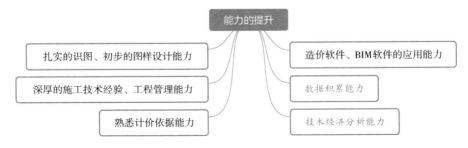

图 1-13　造价人员职业能力的提升

第五节 造价人员岗位工作流程

由于建设单位、施工单位和咨询单位等单位的工程实施阶段不同，其工作流程也不同，下面列举咨询单位造价人员岗位工作流程，如图1-14所示。

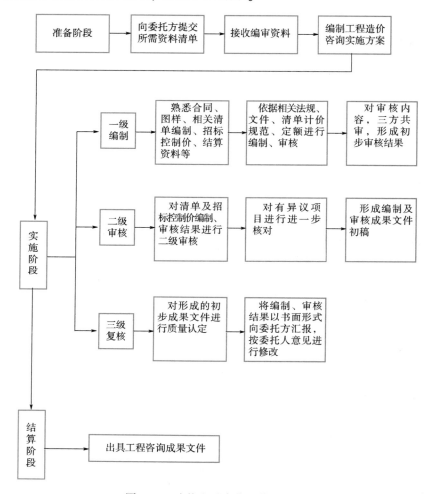

图1-14 造价人员岗位工作流程图

第二章　工程造价管理相关法律法规与制度

第一节　工程造价管理相关法律法规

一、建筑法

《中华人民共和国建筑法》（以下简称《建筑法》）主要适用于各类房屋建筑及其附属设施的建造和与其配套的线路、管道、设备的安装活动。关于建筑法的规定可分为建筑许可、建筑工程发包与承包、建筑工程监理、建筑安全生产管理和建筑工程质量管理，此规定也适用于其他建设工程，如图 2-1 所示。

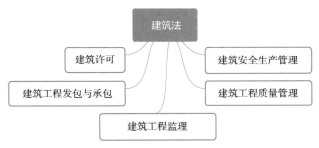

图 2-1　建筑法规定的划分

1. 建筑许可

建筑许可包括建筑工程施工许可和从业资格两个方面。

（1）建筑工程施工许可

1）施工许可证的申领。除国务院建设行政主管部门确定的限额以下的小型工程外，建筑工程开工前，建设单位应当按照国家有关规定向工程所在地县级以上人民政府建设行政主管部门申请领取施工许可证。按照国务院规定的权限和程序批准开工报告的建筑工程，不再领取施工许可证。

申请领取施工许可证应具备的条件如图 2-2 所示。

2）施工许可证的有效期限。建设单位应当自领取施工许可证之日起三个月内开工。因故不能按期开工的，应当向发证机关申请延期；延期以两次为限，每次不超过三个月。既不开工又不申请延期或者超过延期时限的，施工许可证自行废止。

3）中止施工和恢复施工。在建的建筑工程因故中止施工的，建设单位应当自中止施工之日起一个月内，向发证机关报告，并按照规定做好建设工程的维护管理工作。

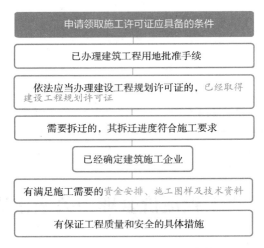

图 2-2　申领施工许可证的条件

建筑工程恢复施工时，应当向发证机关报告；中止施工满一年的工程恢复施工前，建设单位应当报发证机关核验施工许可证。

按照国务院有关规定批准开工报告的建筑工程，因故不能按期开工或者中止施工的，应当及时向批准机关报告情况。因故不能按期开工超过六个月的，应当重新办理开工报告的批准手续。

（2）从业资格

1）单位资质。从事建筑活动的施工企业、勘察单位、设计单位和监理单位，按照其拥有的注册资本、专业技术人员、技术装备、已完成的建筑工程业绩等资质条件，划分为不同的资质等级，经资质审查合格，取得相应等级的资质证书后，方可在其资质等级许可的范围内从事建筑活动。

2）专业技术人员资格。从事建筑活动的专业技术人员应当依法取得相应的执业资格证书，并在执业资格证书许可的范围内从事建筑活动。

2. 建筑工程发包与承包

（1）建筑工程发包　建筑工程发包包括发包方式和禁止行为，其规定如图 2-3 所示。

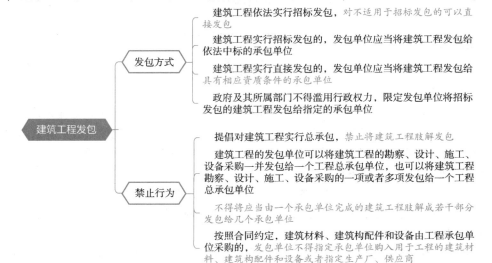

图 2-3　建筑工程发包的规定

（2）建筑工程承包 关于建筑工程承包的规定如图 2-4 所示。

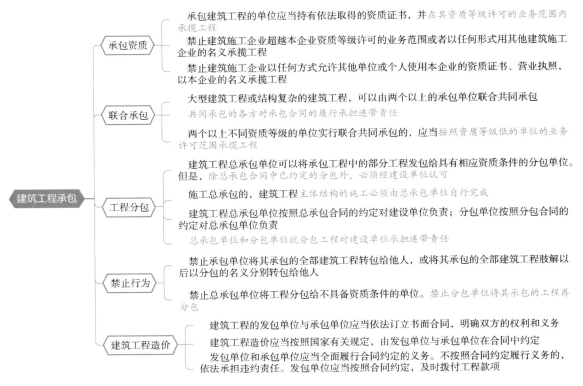

图 2-4 建筑工程承包的规定

3. 建筑工程监理

国家推行的建筑工程监理制度如图 2-5 所示。

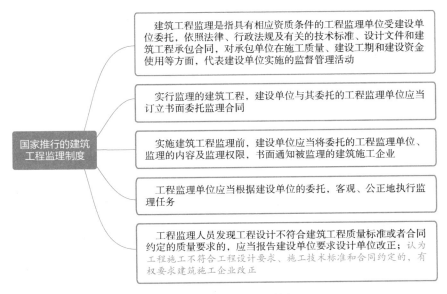

图 2-5 建筑工程监理制度

4. 建筑安全生产管理

建筑安全生产管理应遵循的规定如图 2-6 所示。

建筑工程安全生产管理
必须坚持安全第一、预防为主的方针，建立健全安全生产的责任制度和群防群治制度
建筑工程设计应当符合按照国家规定制定的建筑安全规程和技术规范，保证工程的安全性能。建筑施工企业在编制施工组织设计时，应当根据建筑工程的特点制订相应的安全技术措施；对专业性较强的工程项目，应该编制专项安全施工组织设计，并采取安全技术措施
建筑施工企业应在施工现场采取维护安全、防范危险、预防火灾等措施；有条件的，应当对施工现场实行封闭管理。施工现场对毗邻的建筑物、构筑物和特殊作业环境可能造成损害的，建筑施工企业应当采取措施加以保护
施工现场安全由建筑施工企业负责。实行施工总承包的，由总承包单位负责。分包单位向总承包单位负责，服从总承包单位对施工现场的安全生产管理。鼓励企业为从事危险作业的职工办理意外伤害保险，支付保险费
涉及建筑主体和承重结构变动的装修工程，建设单位应当在施工前委托原设计单位或者具备相应资质条件的设计单位提出设计方案；没有设计方案的，不得施工。房屋拆除应当由具备保证安全条件的建筑施工单位承担，由建筑施工单位负责人对安全负责

图 2-6　建筑安全生产管理制度

5. 建筑工程质量管理

关于建筑工程质量管理的制度如图 2-7 所示。

建筑工程质量管理
建设单位不得以任何理由，要求建筑设计单位或建筑施工单位违反法律、行政法规和建筑工程质量、安全标准，降低工程质量，建筑设计单位和建筑施工单位应当拒绝建设单位的此类要求
建筑工程的勘察、设计单位必须对其勘察、设计的质量负责。勘察、设计文件应当符合有关法律、行政法规的规定和建筑工程质量、安全标准和建筑工程勘察、设计技术规范以及合同的约定。设计文件选用的建筑材料、建筑构配件和设备，应当注明其规格、型号、性能等技术指标，其质量要求必须符合国家规定的标准。建筑设计单位对设计文件选用的建筑材料、建筑构配件和设备，不得指定生产厂、供应商
建筑施工企业对工程的施工质量负责。建筑施工企业必须按照工程设计图样和施工技术标准施工，不得偷工减料。工程设计的修改由原设计单位负责，建筑施工企业不得擅自修改工程设计。建筑施工企业必须按照工程设计要求、施工技术标准和合同的约定，对建筑材料、构配件和设备进行检验，不合格的不得使用
建筑工程竣工经验收合格后，方可交付使用；未经验收或验收不合格的，不得交付使用。交付竣工验收的建筑工程，必须符合规定的建筑工程质量标准，有完整的工程技术经济资料和经签署的工程保修书，并具备国家规定的其他竣工条件
建筑工程实行质量保修制度，保修期限应当按照保证建筑物合理寿命年限内正常使用，维护使用者合法权益的原则确定

图 2-7　建筑工程质量管理制度

二、民法典——合同

《中华人民共和国民法典》（以下简称《民法典》）中的合同是指平等主体的自然人、法人、非法人组织之间设立、变更、终止民事法律关系的协议。

《民法典》中所列的平等主体有三类，即：自然人、法人和非法人组织。

合同的组成一般可分为总则、分则和附则，如图2-8所示。

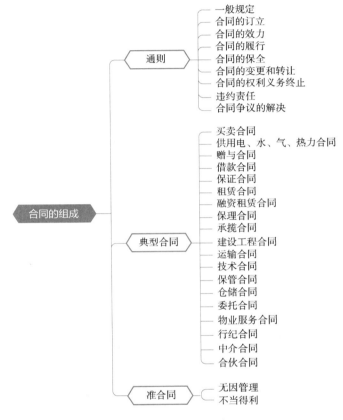

图 2-8　合同的组成

1. 合同的订立

当事人订立合同，应当具有相应的民事权利能力和民事行为能力。订立合同，必须以依法订立为前提，使所订立的合同成为双方履行义务、享有权利、受法律约束和请求法律保护的契约文书。

当事人依法可以委托代理人订立合同。所谓委托代理人订立合同是指当事人委托他人以自己的名义与第三人签订合同，并承担由此产生的法律后果的行为。

（1）合同的形式和内容

1）合同的形式。当事人订立合同，有书面形式、口头形式和其他形式。法律、行政法规规定采用书面形式的，应当采用书面形式。当事人约定采用书面形式的，应当采用书面形式。建设工程合同应当采用书面形式。

2）合同的内容。合同的内容是指当事人之间就设立、变更或者终止权利义务关系表示一致的意思。合同内容通常称为合同条款。

合同的内容由当事人约定，约定的合同条款如图2-9所示。

当事人可以参照各类合同的示范文本订立合同。

（2）合同订立的程序

1）要约。要约是希望和他人订立合同的意思表示。要约应当符合如下规定：

① 内容具体确定。

② 表明经受要约人承诺，要约人即受该意思表示约束。也就是说，要约必须是特定人的意思表示，必须是以缔结合同为目的，必须具备合同的主要条款。

有些合同在要约之前还会有要约邀请。所谓要约邀请是希望他人向自己发出要约的意思表示。要约邀请并不是合同成立过程中的必经过程，它是当事人订立合同的预备行为，这种意思表示的内容往往不确定，不含有合同得以成立的主要内容和相对人同意后受其约束的表示，在法律上无须承担责任。寄送的价目表、拍卖公告、招标公告、招股说明书、商业广告等都属于要约邀请。商业广告和宣传的内容符合要约规定的，视为要约。

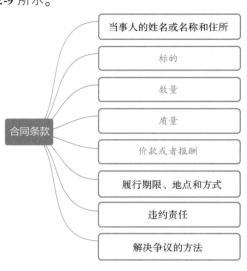

图2-9　合同条款

要约的生效。要约以非对话方式做出的意思表示，到达受相对人时生效。如采用数据电文形式订立合同，相对人指定特定系统接收数据电文的，该数据电文进入该特定系统时生效；未指定特定系统的，相对人知道或者应当知道该数据电文进入其系统时生效。

要约的撤回和撤销。要约可以撤回，撤回意思表示的通知应当在意思表示到达相对人前或者与意思表示同时到达相对人。要约可以撤销，撤销要约的通知应当在受要约人发出承诺通知之前到达受要约人。但有如图2-10所示情行之一的，要约不得撤销。

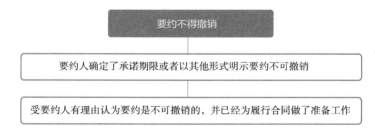

图2-10　要约不得撤销

有如图2-11所示情形之一的，要约失效。

2）承诺。承诺是受要约人同意要约的意思表示。除根据交易习惯或者要约表明可以通过行为做出承诺的之外，承诺应当以通知的方式做出。

承诺的期限。承诺应当在要约确定的期限内到达要约人。要约没有确定承诺期限的，承诺应当依照下列规定到达：

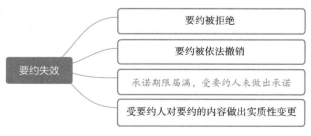

图2-11　要约失效

① 除非当事人另有约定，以对话方式做出的要约，应当即时做出承诺。

② 以非对话方式做出的要约，承诺应当在合理期限内到达。

以信件或者电报做出的要约，承诺期限自信件载明的日期或者电报交发之日开始计算。信件未载明日期的，自投寄该信件的邮戳日期开始计算。以电话、传真等快递通信方式做出的要约，承诺期限自要约到达受要约人时开始计算。

承诺的生效。承诺通知到达要约人时生效。承诺不需要通知的，根据交易习惯或者要约的要求做出承诺的行为时生效。采用数据电文形式订立合同的，承诺到达的时间适用于要约到达受要约人时间的规定。

受要约人在承诺期限内发出承诺，按照通常情形能够及时到达要约人，但因其他原因承诺到达要约人时超过承诺期限的，除要约人及时通知受要约人因承诺超过期限不接受该承诺的以外，该承诺有效。

承诺的撤回。承诺可以撤回，撤回意思表示的通知应当在意思表示到达相对人前或者与意思表示同时到达相对人。

逾期承诺。受要约人超过承诺期限发出承诺的，除要约人及时通知受要约人该承诺有效的以外，为新要约。

要约内容的变更。承诺的内容应当与要约的内容一致。有关合同标的、数量、质量、价款或者报酬、履行期限、履行地点和方式、违约责任和解决争议方法等的变更，是对要约内容的实质性变更。受要约人对要约的内容做出实质性变更的，为新要约。

承诺对要约的内容做出非实质性变更的，除要约人及时表示反对或者要约表明承诺不得对要约的内容做出任何变更的以外，该承诺有效，合同的内容以承诺的内容为准。

（3）合同的成立　承诺生效时合同成立。

1）合同成立的时间。当事人采用合同书形式订立合同的，自双方当事人签字或者盖章时合同成立。当事人采用信件、数据电文等形式订立合同要求签订确认书的，签订确认书时合同成立。

2）合同成立的地点。承诺生效的地点为合同成立的地点。采用数据电文形式订立合同的，收件人的主营业地为合同成立的地点；没有主营业地的，其经常居住地为合同成立的地点。当事人另有约定的，按照其约定。当事人采用合同书形式订立合同的，双方当事人签字或者盖章的地点为合同成立的地点。

3）合同成立的其他情形如图 2-12 所示。

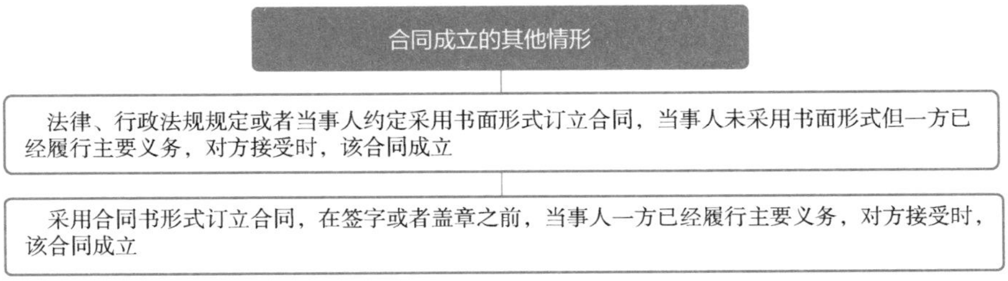

图 2-12　合同成立的其他情形

4）格式条款。格式条款是当事人为了重复使用而预先拟定，并在订立合同时未与对方协商的条款。

① 格式条款提供者的义务。采用格式条款订立合同，有利于提高当事人双方合同订立过程的

效率，减少交易成本，避免合同订立过程中因当事人双方一事一议而可能造成的合同内容的不确定性。但由于格式条款的提供者往往在经济地位方面具有明显的优势，在行业中居于垄断地位，因而导致其拟定格式条款时，会更多地考虑自己的利益，而较少考虑另一方当事人的权利或者附加种种限制条件。为此，提供格式条款的一方应当遵循公平的原则确定当事人之间的权利义务关系，并采取合理的方式提请对方注意免除或者限制其责任的条款，按照对方的要求，对该条款予以说明。

② 格式条款无效。提供格式条款一方免除自己责任、加重对方责任、限制对方主要权利的，该条款无效。此外，合同规定的合同无效的情形，同样适用于格式合同条款。

③ 格式条款的解释。对格式条款的理解发生争议的，应当按照通常理解予以解释。对格式条款有两种以上解释的，应当做出不利于提供格式条款一方的解释。格式条款和非格式条款不一致的，应当采用非格式条款。

5）缔约过失责任。缔约过失责任发生于合同不成立或者合同无效的缔约过程。其构成条件：一是当事人有过错。若无过错，则不承担责任。二是有损害后果的发生，若无损失，也不承担责任。三是当事人的过错行为与造成的损失有因果关系。

当事人订立合同过程中有如图 2-13 所示情形之一，给对方造成损失的，应当承担损害赔偿责任。

当事人在订立合同的过程中知悉的商业秘密，无论合同是否成立，不得泄露或者不正当地使用。泄露或者不正当地使用该商业秘密给对方造成损失的，应当承担损害赔偿责任。

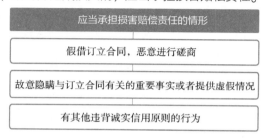

图 2-13　应当承担损害赔偿责任的情形

2. 合同的效力

（1）合同的生效　合同生效与合同成立是两个不同的概念。合同成立是指双方当事人依照有关法律对合同的内容进行协商并达成一致的意见。合同成立的判断依据是承诺是否生效。合同生效是指合同产生的法律效力，具有法律约束力。在通常情况下，合同依法成立之时，就是合同生效之日，二者在时间上是同步的。但有些合同在成立后，并非立即产生法律效力，而是需要其他条件成就之后，才开始生效。

关于合同生效时间、附条件和附期限的合同的规定如图 2-14 所示。

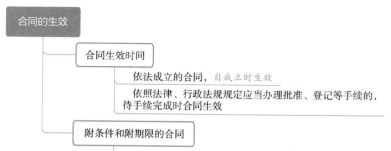

图 2-14　合同生效的规定

（2）效力待定合同　效力待定合同是指合同已经成立，但合同效力能否产生尚不能确定的合同。效力待定合同主要是由于当事人缺乏缔约能力、财产处分能力或代理人的代理资格和代理权限存在缺陷所造成的。效力待定合同包括限制民事行为能力人订立的合同和无权代理人代订的合同。

1）限制民事行为能力人订立的合同。根据我国《民法典》，限制民事行为能力人是指 8 周岁以上不满 18 周岁的未成年人，以及不能完全辨认自己行为的精神病人。限制民事行为能力人订立的合同，经法定代理人追认后，该合同有效，但纯获利益的合同或者与其年龄、智力、精神健康状况相适应而订立的合同，不必经法定代理人追认。

由此可见，限制民事行为能力人订立的合同并非一律无效，在如图 2-15 所示几种情形下订立的合同时有效的。

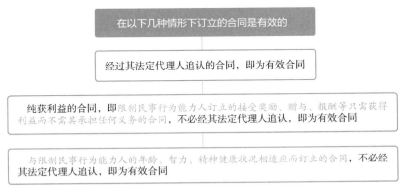

图 2-15　合同有效的情形

与限制民事行为能力人订立合同的相对人可以催告法定代理人在 1 个月内予以追认。法定代理人未做表示的，视为拒绝追认。合同被追认之前，善意相对人有撤销的权利。撤销应当以通知的方式做出。

2）无权代理人代订的合同。无权代理人订立的合同主要包括行为人没有代理权、超越代理权或者代理权终止后以被代理人的名义订立的合同。

① 无权代理人代订的合同对被代理人不发生效力的情形。行为人没有代理权、超越代理权或者代理权终止后以被代理人的名义订立的合同，未经被代理人追认，对被代理人不发生效力，由行为人承担责任。

与无权代理人签订合同的相对人可以催告被代理人自收到通知之日起三十日内予以追认。法定代理人未做表示的，视为拒绝追认。合同被追认之前，善意相对人有撤销的权利。撤销应当以通知的方式做出。

② 无权代理人代订的合同对被代理人具有法律效力的情形。行为人没有代理权、超越代理权或者代理权终止后以被代理人名义订立合同，相对人有理由相信行为人有代理权的，该代理行为有效。这是《民法典》针对表见代理情形所做出的规定。所谓表见代理是指善意相对人通过被代理人的行为足以相信无权代理人具有代理权的情形。

在通过表见代理订立合同的过程中，如果相对人无过错，即相对人不知道或者不应当知道（无义务知道）无权代理人没有代理权时，使相对人相信无权代理人具有代理权的理由是否正当、充分，就成为是否构成表见代理的关键。如果确实存在充分、正当的理由并足以使相对人相信无权代理人具有代理权，则无权代理人的代理行为有效，即无权代理人通过其表见代理行为与相对人订立的合同具有法律效力。

③ 法人或者非法人组织的法定代表人、负责人超越权限订立的合同的效力。法人或者非法人组织的负责人超越权限订立的合同，除相对人知道或者应当知道其超越权限的以外，该代表行为有效。这是因为法人或者非法人组织的负责人的身份应当被视为法人或者非法人组织的全权代理人，他们完全有资格代表法人或者其他组织为民事行为而不需要获得法人或者非法人组织的专门授权，其代理行为的法律后果由法人或者非法人组织承担。但是，如果相对人知道或者应当知道法人或者非法人组织的负责人在代表法人或者非法人组织与自己订立合同时超越其代表（代理）权限，仍然订立合同的，该合同将不具有法律效力。

（3）无效合同　无效合同是指合同内容或者形式违反了法律、行政法规的强制性规定和社会公共利益，因而不能产生法律约束力，不受法律保护的合同。

1）无效合同或者被撤销合同的法律后果。无效合同或者被撤销的合同自始没有法律约束力。合同部分无效、不影响其他部分效力的，其他部门仍然有效。合同无效、被撤销或者终止的，不影响合同中独立存在的有关解决争议方法的条款的效力。

无效合同的特征如图 2-16 所示。

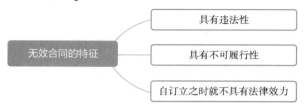

图 2-16　无效合同的特征

2）合同部分条款无效的情形如图 2-17 所示。

图 2-17　合同部分条款无效的情形

（4）可撤销的合同　可撤销合同是指欠缺一定的合同生效条件，但当事人一方可依照自己的意思使合同的内容得以变更或者使合同的效力归于消灭的合同。可变更、可撤销合同的效力取决于当事人的意思，属于相对无效的合同。当事人根据其意思，若主张合同有效，则合同有效；若主张合同无效，则合同无效；若主张合同变更，则合同可以变更。

合同可以撤销的情形。当事人一方有权请求人民法院或者仲裁机构变更或者撤销的合同如图 2-18 所示。

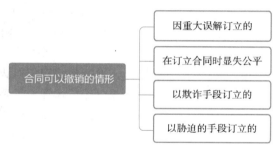

图 2-18　合同可以撤销的情形

3. 合同的保全

合同的保全是指法律为防止因债务人的财产不当减少或不增加而给债权人的债权带来损害，允许债权人行使撤销权或代位权，以保护其债权。

债权除专属于债务人自身的外，债权因债务人怠于行使其债权或者与该债权有关的从权利，影响债权人的到期债权实现的，债权人可以向人民法院请求以自己的名义代位行使债务人对相对人的权利，但是代位权的行使范围以债权人的到期债权为限。债权人行使代位权的必要费用，由债务人负担。

债权人的债权到期前，债务人的债权或者与该债权有关的从权利存在诉讼时效期间即将届满或者未及时申报破产债权等情形，影响债权人的债权实现的，债权人可以代位向债务人的相对人请求其向债务人履行、向破产管理人申报或者做出其他必要的行为。

代位权由人民法院认定成立，由债务人的相对人向债权人履行义务，债权人接受履行后，债权人与债务人、债务人与相对人之间相应的权利义务终止。债务人对相对人的债权或者与该债权有关的从权利被采取保全、执行措施，或者债务人破产的，依照相关法律的规定处理。

债务人以放弃其债权、放弃债权担保、无偿转让财产等方式无偿处分财产权益，或者恶意延长其到期债权的履行期限，影响债权人的债权实现的，债权人可以请求人民法院撤销债务人的行为。

债务人以明显不合理的低价转让财产、以明显不合理的高价受让他人财产或者为他人的债务提供担保，影响债权人的债权实现，债务人的相对人知道或者应当知道该情形的，债权人可以请求人民法院撤销债务人的行为。

撤销权的行使范围以债权人的债权为限。债权人行使撤销权的必要费用，由债务人负担。

有如图 2-19 所示情形之一的，撤销权消灭。

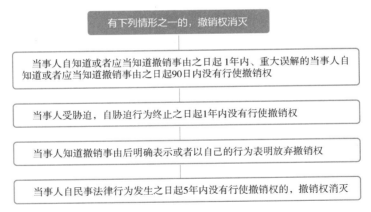

图 2-19 撤销权消灭的情形

4. 合同的履行

合同履行是指合同生效后，合同当事人为实现订立合同欲达到的预期目的而依照合同全面、适当地完成合同义务的行为。

（1）合同履行的原则

1）全面履行原则。当事人应当按照合同约定全面履行自己的义务，即当事人应当严格按照合同约定的标的、数量、质量，由合同约定的履行义务的主体在合同约定的履行期限、履行地点，按照合同约定的价款或者报酬、履行方式，全面地完成合同所约定的属于自己的义务。

全面履行原则不允许合同的任何一方当事人不按合同约定履行义务，擅自对合同的内容进行变更，以保证合同当事人的合法权益。

2）诚实信用原则。当事人应当遵循诚实信用原则，根据合同的性质、目的和交易习惯履行通知、协助、保密等义务。

（2）合同履行的一般规定

1）合同有关内容没有约定或者约定不明确问题的处理。合同生效后，当事人就质量、价款或者报酬、履行地点等内容没有约定或者约定不明确的，可以协议补充；不能达成补充协议的，按照合同有关条款或者交易习惯确定。

依照以上基本原则和方法仍不能确定合同有关内容的，应当按照如图 2-20 所示方法进行处理。

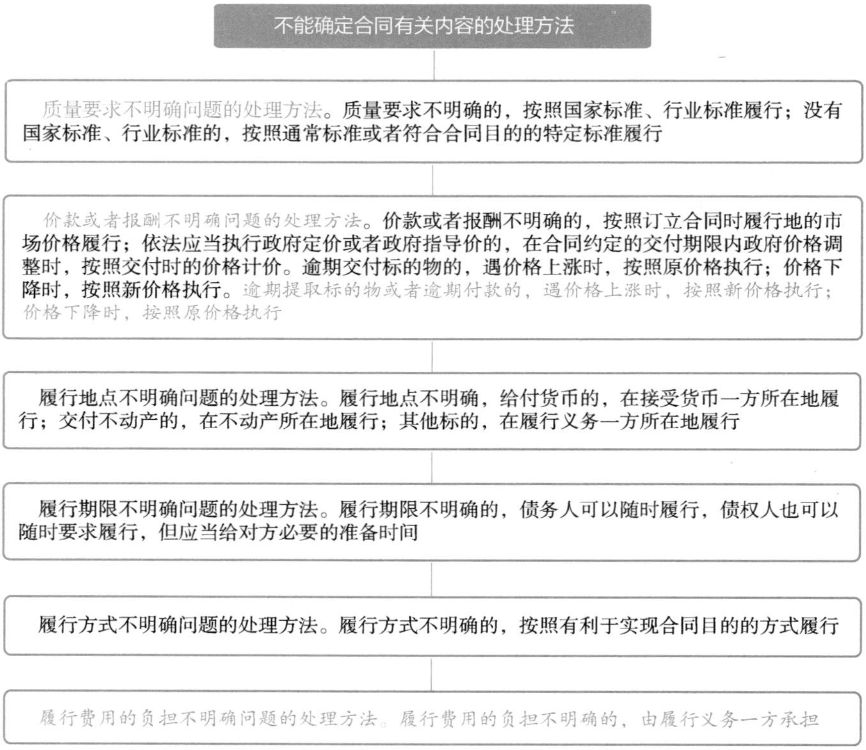

不能确定合同有关内容的处理方法

质量要求不明确问题的处理方法。质量要求不明确的，按照国家标准、行业标准履行；没有国家标准、行业标准的，按照通常标准或者符合合同目的的特定标准履行

价款或者报酬不明确问题的处理方法。价款或者报酬不明确的，按照订立合同时履行地的市场价格履行；依法应当执行政府定价或者政府指导价的，在合同约定的交付期限内政府价格调整时，按照交付时的价格计价。逾期交付标的物的，遇价格上涨时，按照原价格执行；价格下降时，按照新价格执行。逾期提取标的物或者逾期付款的，遇价格上涨时，按照新价格执行；价格下降时，按照原价格执行

履行地点不明确问题的处理方法。履行地点不明确，给付货币的，在接受货币一方所在地履行；交付不动产的，在不动产所在地履行；其他标的，在履行义务一方所在地履行

履行期限不明确问题的处理方法。履行期限不明确的，债务人可以随时履行，债权人也可以随时要求履行，但应当给对方必要的准备时间

履行方式不明确问题的处理方法。履行方式不明确的，按照有利于实现合同目的的方式履行

履行费用的负担不明确问题的处理方法。履行费用的负担不明确的，由履行义务一方承担

图 2-20　不能确定合同有关内容的处理方法

2）合同履行中的第三人。在通常情况下，合同必须由当事人亲自履行。但根据法律的规定或合同的约定，或者在与合同性质不相抵触的情况下，合同可以向第三人履行，也可以由第三人代为履行。向第三人履行合同或者由第三人代为履行合同，不是合同义务的转移，当事人在合同中的法律地位不变。

① 向第三人履行合同。当事人约定由债务人向第三人履行债务的，债务人未向第三人履行债务或者履行债务不符合约定，应当向债权人承担违约责任。

② 由第三人代为履行合同。当事人约定由第三人向债权人履行债务的，第三人不履行债务或

者履行债务不符合约定，债务人应当向债权人承担违约责任。

3）先履行债务的当事人，有确切证据证明对方有如图 2-21 所示情形之一的，可以中止履行。

4）合同生效后合同主体发生变化时的合同效力。合同生效后，当事人不得因姓名、名称的变更或者法定代表人、负责人、承办人的变动而不履行合同义务。因为当事人的姓名、名称只是作为合同主体的自然人、法人或者其他组织的符号，并非自然人、法人或者其他组织本身，其变更并未使原合同主体发生实质性变化，因而合同的效力也未发生变化。

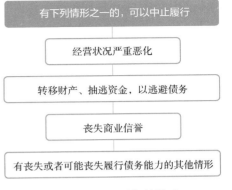

图 2-21　中止履行的情形

5. 合同的变更和转让

（1）合同的变更　合同的变更有广义和狭义之分。广义的合同变更是指合同法律关系的主体和合同内容的变更。狭义的合同变更仅指合同内容的变更，不包括合同主体的变更。

合同主体的变更是指合同当事人的变动，即原来的合同当事人退出合同关系而由合同以外的第三人替代，第三人成为合同的新当事人。合同主体的变更实质上就是合同的转让。合同内容的变更是指合同成立以后、履行之前或者在合同履行开始之后尚未履行完毕之前，合同当事人对合同内容的修改或者补充。《民法典》所指的合同变更是指合同内容的变更。

当事人协商一致，可以变更合同。

当事人对合同变更的内容约定不明确的，推定为未变更。

1）合同的变更须经当事人双方协商一致。如果双方当事人就变更事项达成一致意见，则变更后的内容取代原合同的内容，当事人应当按照变更后的内容履行合同。如果一方当事人未经对方同意就改变合同的内容，不仅变更的内容对另一方没有约束力，其做法还是一种违约行为，应当承担违约责任。

2）对合同变更内容约定不明确的推定。合同变更的内容必须明确约定。如果当事人对于合同变更的内容约定不明确，则将被推定未变更。任何一方不得要求对方履行约定不明确的变更内容。

3）合同基础条件变化的处理。合同成立后，合同的基础条件发生了当事人在订立合同时无法预见的、不属于商业风险的重大变化，继续履行合同对于当事人一方明显不公平的，受不利影响的当事人可以与对方重新协商；在合理期限内协商不成的，当事人可以请求人民法院或者仲裁机构变更或者解除合同。

（2）合同的转让　合同转让是指合同一方当事人取得对方当事人同意后，将合同的权利义务全部或者部分转让给第三人的法律行为。合同的转让包括权利（债权）转让、义务（债务）转移和合同中权利和义务的一并转让三种情形。

1）合同债权转让。债权人可以将合同的权利全部或者部分转让给第三人，但如图 2-22 所示三种情形不得转让。当事人约定非金钱债权不得转让的，不得对抗善意第三人。当事人约定金钱债权不得转让的，不得对抗第三人。

债权人转让权利的，债权人应当通知债务人。未经通知，该转让对债务人不发生效力。除非经受让人同意，否则，债权人转让权利的通知不得撤销。

合同债权转让后，该债权由原债权人转移给受让人，受让人取代让与人（原债权人）成为新债权人，依附于主债权的从债权也一并移转给受让人，例如抵押权、留置权等，但专属于原债权人自身的从债权除外。

债务人转移债务的，新债务人可以主张原债务人对债务人的抗辩；原债务人对债权人享有债权的，新债务人不得向债权人主张抵销。

2）合同债务转移。债务人将债务全部或者部分转移给第三人的，应当经债权人同意。

债权人转移义务后，原债务人享有的对债权人的抗辩权也随债务转移而由新债务人享有，新债务人可以主张原债务人对债权人的抗辩。债务人转移业务的，新债务人应当承担与主债务有关的从债务，但该从债务专属于原债务人自身的除外。

3）合同权利义务的一并转让。当事人一方经对方同意，可以将自己在合同中的权利和义务一并转让给第三人。权利和义务一并转让的，适用上述有关债权转让和债务转移的有关规定。

此外，当事人订立合同后合并的，由合并后的法人或者其他组织行使合同权利，履行合同义务。当事人订立合同后分立的，除债权人和债务人另有约定以外，由分立的法人或者其他组织对合同的权利和义务享有连带债权，承担连带债务。

6. 合同的权利义务终止

（1）合同的权利义务终止的原因　合同的权利义务终止又称为合同的终止或者合同的消灭，是指因某种原因而引起的合同权利义务关系在客观上不复存在。

合同的权利义务终止的情形如图2-23所示。

债权人免除债务人部分或者全部债务的，合同的权利义务部分或者全部终止；债权和债务同归于一人的，合同的权利义务终止，但涉及第三人利益的除外。

合同的权利义务终止，不影响合同中结算和清理条款的效力。合同的权利义务终止后，当事人应当遵循诚实信用原则，根据交易习惯履行通知、协助、保密等义务。

（2）合同解除　合同解除是指合同有效成立后，在尚未履行或者尚未履行完毕之前，因当事人一方或者双方的意思表示而使合同的权利义务关系（债权债务关系）自始消灭或者向将来消灭的一种民事行为。

合同解除后，尚未履行的，终止履行；已经履行的，根据履行情况和合同性质，当事人可以要求恢复原状、采取其他补救措施，并有权要求赔偿损失。

（3）标的物的提存　如图2-24所示。

标的物不适于提存或者提存费用过高的，债务人可以依法拍卖或者变卖标的物，提存所得的价款。

债权人可以随时领取提存物，但债权人对债务人负有到期债务的，在债权人未履行债务或提供担保之前，提存部门根据债务人的要求应当拒绝其领取提存物。

图2-22　合同债权不得转让的情形

图2-23　合同的权利义务终止的情形

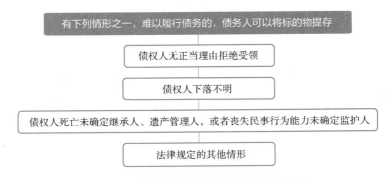

图 2-24 债务人可以将标的物提存的情形

债权人领取提存物的权利期限为 5 年，超过该期限，提存物扣除提存费用后归国家所有。

7. 违约责任

（1）违约责任及其特点 违约责任是指合同当事人不履行或者不适当履行合同义务所应承担的民事责任。当事人一方明确表示或者以自己的行为表明不履行合同义务的，对方可以在履行期限届满之前要求其承担违约责任。

违约责任的特点如图 2-25 所示。

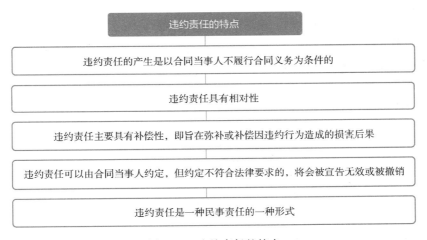

图 2-25 违约责任的特点

（2）违约责任的承担

1）违约责任的承担方式。当事人一方不履行合同义务或者履行合同义务不符合约定的，应当承担继续履行、采取补救措施或者赔偿损失等违约责任。

① 继续履行。继续履行是指在合同当事人一方不履行合同义务或者履行合同义务不符合合同约定时，另一方合同当事人有权要求其在合同履行期限届满后继续按照原合同约定的主要条件履行合同义务的行为。继续履行是合同当事人一方违约时，其承担违约责任的首选方式。

A. 违反金钱债务时的继续履行。当事人一方未支付价款或者报酬的，对方可以要求其支付价款或者报酬。

B. 违反非金钱债务时的继续履行。当事人一方不履行非金钱债务或者履行非金钱债务不符合约定的，对方可以要求履行，但有下列情形之一的除外：法律上或者事实上不能履行；债务的标的不适于强制履行或者履行费用过高；债权人在合理期限内未要求履行。

② 采取补救措施。合同标的物的质量不符合约定的，应当按照当事人的约定承担违约责任。对违约责任没有约定或者约定不明确的，可以协议补充；不能达成补充协议的，按照合同有关条款或者交易习惯确定。依照上述办法仍不能确定的，受损害方根据标的性质以及损失的大小，可以合理选择要求对方承担修理、更换、重做、退货、减少价款或者报酬等违约责任。

③ 赔偿损失。当事人一方不履行合同义务或者履行合同义务不符合约定的，在履行义务或者采取补救措施后，对方还有其他损失的，应当赔偿损失。损失赔偿额应当相当于因违约所造成的损失，包括合同履行后可以获得的利益，但不得超过违反合同一方订立合同时预见到或者应当预见到的因违反合同可能造成的损失。

当事人一方违约后，对方应当采取适当措施防止损失的扩大；没有采取适当措施致使损失扩大的，不得就扩大的损失要求赔偿。当事人因防止损失扩大而支出的合理费用，由违约方承担。

经营者对消费者提供商品或者服务有欺诈行为的，依照《中华人民共和国消费者权益保护法》的规定承担损害赔偿责任。

④ 违约金。当事人可以约定一方违约时应当根据违约情况向对方支付一定数额的违约金，也可以约定因违约产生的损失赔偿额的计算方法。约定的违约金低于造成的损失的，当事人可以请求人民法院或者仲裁机构予以增加；约定的违约金过分高于造成的损失的，当事人可以请求人民法院或者仲裁机构予以适当减少。

当事人就延迟履行约定违约金的，违约方支付违约金后，还应当履行债务。

⑤ 定金。当事人可以依照《中华人民共和国担保法》约定一方向对方给付定金作为债权的担保。债务人履行债务后，定金应当抵作价款或者收回。给付定金的一方不履行约定的债务的，无权要求返还定金；收受定金的一方不履行约定的债务的，应当双倍返还定金。

当事人既约定违约金，又约定定金的，一方违约时，对方可以选择适用违约金或者定金条款。

2）违约责任的承担主体如图 2-26 所示。

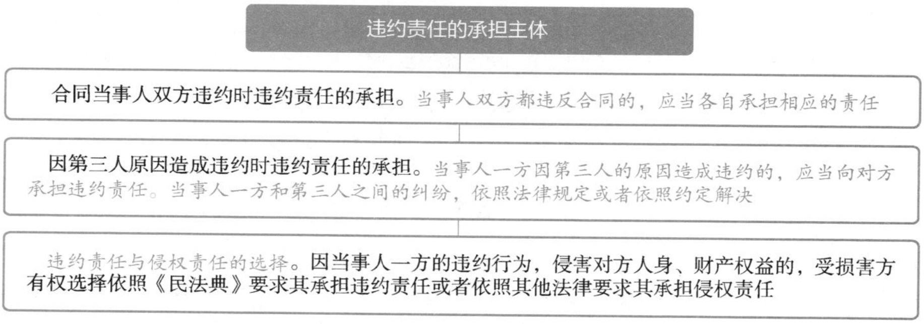

图 2-26　违约责任的承担主体

（3）不可抗力　不可抗力是指不能预见、不能避免并不能克服的客观情况。因不可抗力不能履行合同的，根据不可抗力的影响，部分或者全部免除责任，但法律另有规定的除外。当事人迟延履行后发生不可抗力的，不能免除责任。

当事人一方因不可抗力不能履行合同的，应当及时通知对方，以减轻给对方造成的损失，并应当在合理期限内提供证明。

8. 合同争议的解决

合同争议是指合同当事人之间对合同履行状况和合同违约责任承担等问题所产生的意见分歧。

合同争议的解决方式有和解、调解、仲裁或者诉讼。

（1）合同争议的和解与调解　和解与调解是解决合同争议的常用和有效方式。当事人可以通过和解或者调解解决合同争议。

1）和解。和解是指合同当事人之间发生争议后，在没有第三人介入的情况下，合同当事人双方在自愿、互谅的基础上，就已经发生的争议进行商谈并达成协议，自行解决争议的一种方式。和解方式简便易行，有利于加强合同当事人之间的协作，使合同能得到更好的履行。

2）调解。调解是指合同当事人于争议发生后，在第三者的主持下，根据事实、法律和合同，经过第三者的说服与劝解，使发生争议的合同当事人双方互谅、互让，自愿达成协议，从而公平、合理地解决争议的一种方式。

与和解相同，调解也具有方法灵活、程序简便、节省时间和费用、不伤害发生争议的合同当事人双方的感情等特征，而且由于有第三者的介入，可以缓解发生争议的合同双方当事人之间的对立情绪，便于双方较为冷静、理智地考虑问题。同时，由于第三者常常能够站在较为公正的立场上，较为客观、全面地看待、分析争议的有关问题并提出解决方案，从而有利于争议的公正解决。

参与调解的第三者不同，调解的性质也就不同。调解有民间调解、仲裁机构调解和法庭调解三种。

（2）合同争议的仲裁　仲裁是指发生争议的合同当事人双方根据合同中约定的仲裁条款或者争议发生后由其达成的书面仲裁协议，将合同争议提交给仲裁机构并由仲裁机构按照仲裁法律规范的规定居中裁决，从而解决合同争议的法律制度。当事人不愿协商、调解或协商、调解不成的，可以根据合同中的仲裁条款或事后达成的书面仲裁协议，提交仲裁机构仲裁。涉外合同当事人可以根据仲裁协议向中国仲裁机构或者其他仲裁机构申请仲裁。

根据《中华人民共和国仲裁法》，对于合同争议的解决，实行"或裁或审制"。即发生争议的合同当事人双方只能在"仲裁"或者"诉讼"两种方式中选择一种方式解决其合同争议。

仲裁裁决具有法律约束力。合同当事人应当自觉执行裁决。不执行的，另一方当事人可以申请有管辖权的人民法院强制执行。裁决做出后，当事人就同一争议再申请仲裁或者向人民法院起诉的，仲裁机构或者人民法院不予受理。但当事人对仲裁协议的效力有异议的，可以请求仲裁机构做出决定或者请求人民法院做出裁定。

（3）合同争议的诉讼　诉讼是指合同当事人依法将合同争议提交人民法院受理，由人民法院依司法程序通过调查、做出判决、采取强制措施等来处理争议的法律制度。

合同当事人可以选择诉讼方式解决合同争议的情形如图 2-27 所示。

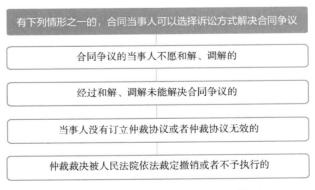

图 2-27　诉讼方式解决合同争议的情形

合同当事人双方可以在签订合同时约定选择诉讼方式解决合同争议，并依法选择有管辖权的人民法院，但不得违反《中华人民共和国民事诉讼法》关于级别管辖和专属管辖的规定。对于一般的合同争议，由被告住所地或者合同履行地人民法院管辖。建设工程合同的纠纷一般都适用不动产所在地的专属管辖，由工程所在地人民法院管辖。

三、招标投标法

《中华人民共和国招标投标法》（以下简称《招标投标法》）规定，在中华人民共和国境内进行如图 2-28 所示工程建设项目（包括项目的勘察、设计、施工、监理以及与工程建设有关的重要设备、材料等的采购），必须进行招标。

图 2-28　必须进行招标的项目

任何单位和个人不得将依法必须进行招标的项目化整为零或者以其他任何方式规避招标。依法必须进行招标的项目，其招标投标活动不受地区或者部门的限制。任何单位和个人不得违法限制或者排斥本地区、本系统以外的法人或者其他组织参加投标，不得以任何方式非法干涉招标投标活动。

1. 招标

（1）招标的条件和方式

1）招标的条件。招标项目按照国家有关规定需要履行项目审批手续的，应当先履行审批手续，取得批准。招标人应当有进行招标项目的相应资金或资金来源已经落实，并应当在招标文件中如实载明。

招标人有权自行选择招标代理机构，委托其办理招标事宜。任何单位和个人不得以任何方式为招标人指定招标代理机构。招标人具有编制招标文件和组织评标能力的，可以自行办理招标事宜。任何单位和个人不得强制其委托招标代理机构办理招标事宜。

依法必须进行招标的项目，招标人自行办理招标事宜的，应当向有关行政监督部门备案。

2）招标的方式。招标分为公开招标和邀请招标两种方式。

招标公告或投标邀请书应当载明招标人的名称和地址、招标项目的性质、数量、实施地点和时间以及获取招标文件的办法等事项。招标人不得以不合理的条件限制或者排斥潜在的投标人，不得对潜在的投标人实行歧视待遇。

（2）招标文件　招标人应当根据招标项目的特点和需要编制招标文件。招标文件应当包括招标项目的技术要求、对投标人资格审查的标准、投标报价要求和评标标准等所有实质性要求和条件以及拟签订合同的主要条款。招标项目需要划分标段、确定工期的，招标人应当合理划分标段、确定工期，并在招标文件中载明。

招标文件不得要求或者标明特定的生产供应者以及含有倾向或者排斥潜在投标人的其他内容。

招标人不得向他人透漏已获取招标文件的潜在投标人的名称、数量及可能影响公平竞争的有关招标投标的其他情况。

招标人对已发出的招标文件进行必要的澄清或者修改的，应当在招标文件要求提交投标文件截止时间至少15日前，以书面形式通知所有招标文件收受人。该澄清或者修改的内容为招标文件的组成部分。

（3）其他规定　招标人设有标底的，标底必须保密。招标人应当确定投标人编制投标文件所需要的合理时间。依法必须进行招标的项目，自招标文件开始发出之日起至投标人提交投标文件截止之日止，最短不得少于20日。

2. 投标

投标人应当具备承担招标项目的能力。国家有关规定对投标人资格条件或者招标文件对投标人资格条件有规定的，投标人应当具备规定的资格条件。

（1）投标文件

1）投标文件的内容。投标人应当按照招标文件的要求编制投标文件。投标文件应当对招标文件提出的实质性要求和条件做出响应。

根据招标文件载明的项目实际情况，投标人如果准备在中标后将中标项目的部分非主体、非关键工程进行分包的，应当在投标文件中载明。在招标文件要求提交投标文件的截止时间前，投标人可以补充、修改或者撤回已提交的投标文件，并书面通知招标人。补充、修改的内容为投标文件的组成部分。

2）投标文件的送达。投标人应当在招标文件要求提交投标文件的截止时间前，将投标文件送达投标地点。招标人收到投标文件后，应当签收保存，不得开启。投标人少于3个的，招标人应当依照《招标投标法》重新招标。

在招标文件要求提交投标文件的截止时间后送达的投标文件，招标人应当拒收。

（2）联合投标　两个以上法人或者其他组织可以组成一个联合体，以一个投标人的身份共同投标。联合体各方均应具备承担招标项目的相应能力。国家有关规定或者招标文件对投标人资格条件有规定的，联合体各方均应具备规定的相应资格条件。由同一专业的单位组成的联合体，按照资质等级较低的单位确定资质等级。

联合体各方应当签订共同投标协议，明确约定各方拟承担的工作和责任，并将共同投标协议连同投标文件一并提交给招标人。联合体中标的，联合体各方应当共同与招标人签订合同，就中标项目向招标人承担连带责任。

（3）其他规定　投标人不得相互串通投标报价，不得排挤其他投标人的公平竞争，损害招标人或其他投标人的合法权益。投标人不得与招标人串通投标，损害国家利益、社会公共利益或者他人的合法权益。投标人不得以低于成本的报价竞标，也不得以他人名义投标或者以其他方式弄虚作假，骗取中标。禁止投标人以向招标人或评标委员会成员行贿的手段谋取中标。

3. 开标、评标和中标

（1）开标　开标应当在招标人的主持下，在招标文件确定的提交投标文件截止时间的同一时间、招标文件中预先确定的地点公开进行。应邀请所有投标人参加开标。开标时，由投标人或者其推选的代表检查投标文件的密封情况，也可以由招标人委托的公证机构检查并公证。经确认无误后，由工作人员当众拆封，宣读投标人名称、投标价格和投标文件的其他主要内容。

开标过程应当记录，并存档备查。

（2）评标　评标由招标人依法组建的评标委员会负责。招标人应当采取必要的措施，保证评标在严格保密的情况下进行。评标委员会应当按照招标文件确定的评标标准和方法，对投标文件进行评审和比较。

符合投标的中标人条件如图 2-29 所示。

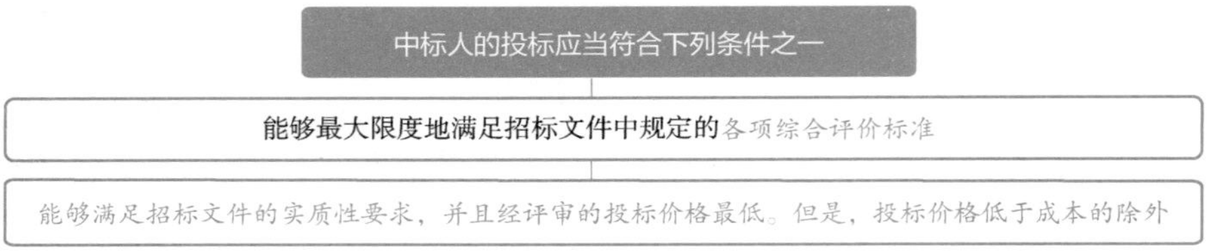

> **中标人的投标应当符合下列条件之一**
>
> 能够最大限度地满足招标文件中规定的各项综合评价标准
>
> 能够满足招标文件的实质性要求，并且经评审的投标价格最低。但是，投标价格低于成本的除外

图 2-29　符合投标的中标人条件

评标委员会经评审，认为所有投标都不符合招标文件要求的，可以否决所有投标。

评标委员会完成评标后，应当向招标人提出书面评标报告，并推荐合格的中标候选人。招标人据此确定中标人。招标人也可以授权评标委员会直接确定中标人。在确定中标人前，招标人不得与投标人就投标价格、投标方案等实质性内容进行谈判。

（3）中标　中标人确定后，招标人应当向中标人发出中标通知书，并同时将中标结果通知所有未中标的投标人。

招标人和中标人应当自中标通知书发出之日起 30 日内，按照招标文件和中标人的投标文件订立书面合同。招标人和中标人不得再订立背离合同实质性内容的其他协议。

招标文件要求中标人提交履约保证金的，中标人应当提交。

四、其他相关法律法规

1. 价格法

《中华人民共和国价格法》规定，国家实行并完善宏观经济调控下主要由市场形成价格的机制。价格的制定应当符合价值规律，大多数商品和服务价格实行市场调节价，极少数商品和服务价格实行政府指导价或政府定价。

（1）经营者的价格行为　经营者定价应当遵循公平、合法和诚实信用的原则，定价的基本依据是生产经营成本和市场供求情况。

1）义务。经营者应当努力改进生产经营管理，降低生产经营成本，为消费者提供价格合理的商品和服务，并在市场竞争中获取合法利润。

2）权利。经营者进行价格活动享有的权利如图 2-30 所示。

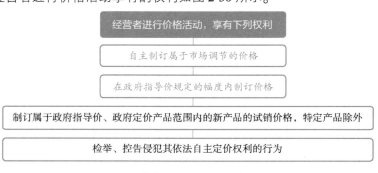

图 2-30　经营者进行价格活动享有的权利

3）禁止行为。经营者不得有的不正当价格行为如图 2-31 所示。

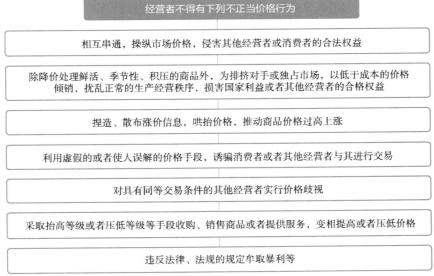

图 2-31　经营者不得有的不正当价格行为

（2）政府的定价行为

1）定价目录。政府指导价、政府定价的定价权限和具体适用范围，以中央的和地方的定价目录为依据。中央定价目录由国务院价格主管部门制定、修订，报国务院批准后公布。地方定价目录由省、自治区、直辖市人民政府价格主管部门按照中央定价目录规定的定价权限和具体适用范围制定，经本级人民政府审核同意，报国务院价格主管部门审定后公布。省、自治区、直辖市人民政府以下各级地方人民政府不得制定定价目录。

2）定价权限。国务院价格主管部门和其他有关部门，按照中央定价目录规定的定价权限和具体适用范围制定政府指导价、政府定价；其中重要的商品和服务价格的政府指导价、政府定价，应当按照规定经国务院批准。省、自治区、直辖市人民政府价格主管部门和其他有关部门，应当按照地方定价目录规定的定价权限和具体适用范围制定在本地区执行的政府指导价、政府定价。

市、县人民政府可以根据省、自治区、直辖市人民政府的授权，按照地方定价目录规定的定价权限和具体适用范围制定在本地区执行的政府指导价、政府定价。

3）定价范围如图 2-32 所示。

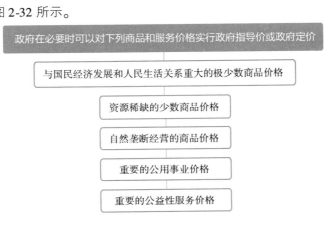

图 2-32　定价范围

4）定价依据。制定政府指导价、政府定价，应当依据有关商品或者服务的社会平均成本和市场供求状况、国民经济与社会发展要求以及社会承受能力，实行合理的购销差价、批零差价、地区差价和季节差价。制定政府指导价、政府定价，应当开展价格、成本调查，听取消费者、经营者和有关方面的意见。制定关系群众切身利益的公用事业价格、公益性服务价格、自然垄断经营的商品价格时，应当建立听证会制度，由政府价格主管部门主持，征求消费者、经营者和有关方面的意见。

（3）价格总水平调控　政府可以建立重要商品储备制度，设立价格调节基金，调控价格，稳定市场。当重要商品和服务价格显著上涨或者有可能显著上涨时，国务院和省、自治区、直辖市人民政府可以对部分价格采取限定差价率或者利润率、规定限价、实行提价申报制度和调价备案制度等干预措施。

当市场价格总水平出现剧烈波动等异常状态时，国务院可以在全国范围内或者部分区域内采取临时集中定价权限、部分或者全面冻结价格的紧急措施。

2. 土地管理法

《中华人民共和国土地管理法》是一部规范我国土地所有权和使用权、土地利用、耕地保护、建设用地等行为的法律。

（1）土地所有权和使用权

1）土地所有权。我国实行土地的社会主义公有制，即全民所有制和劳动群众集体所有制。国家为了公共利益的需要，可以依法对土地实行征收或者征用并给予补偿。

2）土地使用权。国有土地和农民集体所有的土地，可以依法确定给单位或者个人使用。使用土地的单位和个人，有保护、管理和合理利用土地的义务。

农民集体所有的土地，由县级人民政府登记造册，核发证书，确认所有权。农民集体所有的土地依法用于非农业建设的，由县级人民政府登记造册，核发证书，确认建设用地使用权。

单位和个人依法使用的国有土地，由县级以上人民政府登记造册，核发证书，确认使用权；其中，重要国家机关使用的国有土地的具体登记发证机关，由国务院确定。

依法改变土地权属和用途的，应当办理土地变更登记手续。

（2）土地利用总体规划

1）土地分类。国家实行土地用途管制制度，通过编制土地利用总体规划，规定土地用途，将土地分为农用地、建设用地和未利用地，如图2-33所示。

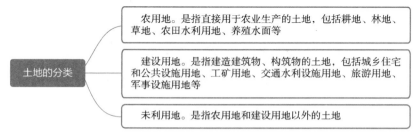

图2-33　土地的分类

使用土地的单位和个人必须严格按照土地利用总体规划确定的用途使用土地。国家严格限制农用地转为建设用地，控制建设用地总量，对耕地实行特殊保护。

2）土地利用规划。各级人民政府应当根据国民经济和社会发展规划、国土整治和资源环境保护的要求、土地供给能力以及各项建设对土地的需求，组织编制土地利用总体规划。

城市建设用地规模应当符合国家规定的标准，充分利用现有建设用地，不占或者少占农用地。各级人民政府应当加强土地利用计划管理，实行建设用地总量控制。

土地利用总体规划实行分级审批。经批准的土地利用总体规划的修改，须经原批准机关批准；未经批准，不得改变土地利用总体规划确定的土地用途。

（3）建设用地的批准和使用

1）建设用地的批准。除兴办乡镇企业、村民建设住宅或乡（镇）村公共设施、公益事业建设经依法批准使用农民集体所有的土地外，任何单位和个人进行建设而需要使用土地的，必须依法申请使用国有土地，包括国家所有的土地和国家征收的原属于农民集体所有的土地。

涉及农用地转为建设用地的，应当办理农用地转用审批手续。

2）征收土地的补偿。征收土地的，应当按照被征收土地的原用途给予补偿。征收耕地的补偿费用包括土地补偿费、安置补助费以及地上附着物和青苗的补偿费。

征收其他土地的土地补偿费和安置补助费标准，由省、自治区、直辖市参照征收耕地的土地补偿费和安置补助费的标准规定。被征收土地上的附着物和青苗的补偿标准，由省、自治区、直辖市规定。征收城市郊区的菜地，用地单位应当按照国家有关规定缴纳新菜地开放建设基金。

3）建设用地的使用。经批准的建设项目需要使用国有建设用地的，建设单位应当持法律、行政法规规定的有关文件，向有批准权的县级以上人民政府土地行政主管部门提出建设用地申请，经土地行政主管部门审查，报本级人民政府批准。

建设单位使用国有土地，应当以出让等有偿使用方式取得；但是，如图2-34所示建设用地，经县级以上人民政府依法批准，可以划拨方式取得。

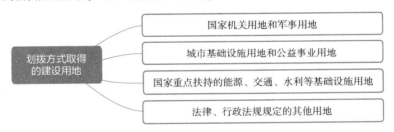

图2-34　划拨方式取得的建设用地

以出让等有偿使用方式取得国有土地使用权的建设单位，按照国务院规定的标准和办法，缴纳土地使用权出让金等土地有偿使用费和其他费用后，方可使用土地。

建设单位使用国有土地的，应当按照土地使用权出让等有偿使用合同的约定或者土地使用权划拨批准文件的规定使用土地；确需改变该幅土地建设用途的，应当经有关人民政府土地行政主管部门同意，报原批准用地的人民政府批准。其中，在城市规划区内改变土地用途的，在报批前，应当先经有关城市规划行政主管部门同意。

4）土地的临时使用。建设项目施工和地质勘查需要临时使用国有土地或者农民集体所有的土地的，由县级以上人民政府土地行政主管部门批准。其中，在城市规划区内的临时用地，在报批前，应当先经有关城市规划行政主管部门的同意。土地使用者应当根据土地权属，与有关土地行政主管部门或者农村集体经济组织、村民委员会签订临时使用土地合同，并按照合同的约定支付临时使用土地补偿费。

临时使用土地的使用者应当按照临时使用土地合同约定的用途使用土地，并不得修建永久性建筑物。临时使用土地限期一般不超过两年。

5）国有土地使用权的收回如图2-35所示。

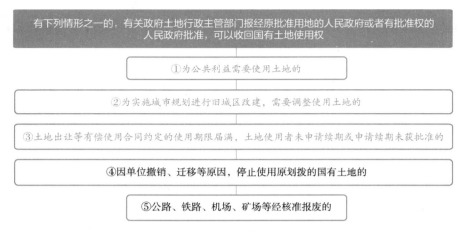

图 2-35 国有土地使用权的收回

其中，属于图2-35中①、②两种情况而收回国有土地使用权的，对土地使用权人应当给予适当补偿。

3. 保险法

《中华人民共和国保险法》中所称的保险，是指投保人根据合同约定，向保险人（保险公司）支付保险费，保险人对于合同约定的可能发生的事故因其发生所造成的财产损失承担赔偿保险金责任，或者当被保险人死亡、伤残、疾病或达到合同约定的年龄、期限时承担给付保险金责任的商业保险行为。

（1）保险合同的订立　当投标人提出保险要求，经保险人同意承保，并就合同的条款达成协议，保险合同即成立。保险人应当及时向投保人签发保险单或者其他保险凭证。保险单或者其他保险凭证应当载明当事人双方约定的合同内容。当事人也可以约定采用其他书面形式载明合同内容。

1）保险合同的内容如图2-36所示。

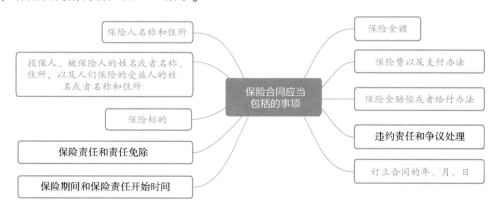

图 2-36 保险合同的内容

其中，保险金额是指保险人承担赔偿或者给付保险责任的最高限额。

2）保险合同的订立。

① 投保人的告知义务。订立保险合同，保险人就保险标的或者被保险人的有关情况提出询问的，投保人应当如实告知。投保人故意或者因重大过失未履行如实告知义务，足以影响保险人决定是否同意承保或者提高保险费率的，保险人有权解除合同。

投保人故意不履行如实告知义务的，保险人对于合同解除前发生的保险事故，不承担赔偿或者给付保险金的责任，并不退还保险费。投保人因重大过失未履行如实告知义务，对保险事故的发生有严重影响的，保险人对于合同解除前发生的保险事故（保险合同约定的保险责任范围内的事故），不承担赔偿或者给付保险金的责任，但应当退还保险费。

② 保险人的说明义务。订立保险合同，采用保险人提供的格式条款的，保险人向投保人提供的投保单应当附格式条款，保险人应当向投保人说明合同的内容。

对保险合同中免除保险人责任的条款，保险人订立合同时应当在投保单、保险单或者其他保险凭证上做出足以引起投保人注意的提示，并对该条款的内容以书面或者口头形式向投保人做出明确说明；未做提示或者明确说明的，该条款不产生效力。

（2）诉讼时效　人寿保险以外的其他保险的被保险人或者受益人，向保险人请求赔偿或者给付保障金的诉讼时效期间为 2 年，自其知道或者应当知道保险事故发生之日起计算。

人寿保险的被保险人或者受益人向保险人请求给付保险金的诉讼时效期间为 5 年，自其知道或者应当知道保险事故发生之日起计算。

（3）财产保险合同　财产保险是以财产及其有关利益为保险标的的一种保险。建筑工程一切险和安装工程一切险均属于财产保险。

1）双方的权利和义务。被保险人应当遵守国家有关消防、安全、生产操作、劳动保护等方面的规定，维护保险标的安全。保险人可以按照合同约定，对保险标的的安全状况进行检查，及时向投保人、被保险人提出消除不安全因素和隐患的书面建议。投保人、被保险人未按照约定履行其对保险标的安全应尽责任的，保险人有权要求增加保险费或者解除合同。保险人为维护保险标的的安全，经被保险人同意，可以采取安全预防措施。

2）保险费的增加或降低。在合同有效期内，保险标的危险程度增加的，被保险人按照合同约定应当及时通知保险人，保险人可以按照合同约定增加保险费或者解除合同。保险人解除合同的，应当将已收取的保险费，按照合同约定扣除自保险责任开始之日起至合同解除之日止应收的部分后，退还投保人。被保险人未履行通知义务的，因保险标的危险程度显著增加而发生的保险事故，保险人不承担赔偿保险金的责任。

保险费的降低如图 2-37 所示。

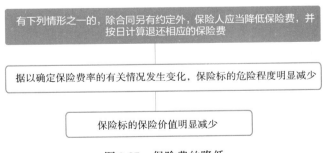

图 2-37　保险费的降低

保险责任开始前，投保人要求解除合同的，应当按照合同约定向保险人支付手续费，保险人应当退还保险费。保险责任开始后，投保人要求解除合同的，保险人应当将已收取的保险费，按照合同约定扣除自保险责任开始之日起至合同解除之日止应收的部分后，退还投保人。

3）赔偿标准。投保人和保险人约定保险标的保险价值并在合同中载明的，保险标的发生损失时，以约定的保险价值为赔偿计算标准。投保人和保险人未约定保险标的保险价值的，保险标的发生损失时，以保险事故发生时保险标的的实际价值为赔偿计算标准。保险金额不得超过保险价值。超过保险价值的，超过部分无效，保险人应当退还相应的保险费。保险金额低于保险价值的，除合同另有约定外，保险人按照保险金额与保险价值的比例承担赔偿保险金的责任。

4）保险事故发生后的处置。保险事故发生时，被保险人应当尽力采取必要的措施，防止或者减少损失。保险事故发生后，被保险人为防止或者减少保险标的的损失所支付的必要的、合理的费用，由保险人承担；保险人所承担的费用数额在保险标的损失赔偿金额以外另行计算，最高不超过保险金额的数额。

保险事故发生后，保险人已支付了全部保险金额，并且保险金额等于保险价值的，受损保险标的的全部权利归于保险人；保险金额低于保险价值的，保险人按照保险金额与保险价值的比例取得受损保险标的的部分权利。

保险人、被保险人为查明和确定保险事故的性质、原因和保险标的的损失程度所支付的必要的、合理的费用，由保险人承担。

（4）人身保险合同　人身保险是以人的寿命和身体为保险标的的一种保险。建设工程施工人员意外伤害保险即属于人身保险。

1）双方的权利和义务。投保人应向保险人如实申报被保险人的年龄、身体状况。投保人申报的被保险人年龄不真实，并且其真实年龄不符合合同约定的年龄限制的，保险人可以解除合同，并按照合同约定退还保险单的现金价值。

2）保险费的支付。投保人可以按照合同约定向保险人一次支付全部保险费或者分期支付保险费。合同约定分期支付保险费的，投保人支付首期保险费后，除合同另有约定外，投保人自保险人催告之日起超过30日未支付当期保险费，或者超过约定的期限60日未支付当期保险费的，合同效力中止，或者由保险人按照合同约定的条件减少保险金额。保险人对人寿保险的保险费，不得用诉讼方式要求投保人支付。

合同效力中止的，经保险人与投保人协商并达成协议，在投保人补交保险费后，合同效力恢复。但是，自合同效力中止之日起满两年双方未达成协议的，保险人有权解除合同。解除合同时，应当按照合同约定退还保险单的现金价值。

3）保险受益人。被保险人或者投保人可以指定一人或者数人为受益人。受益人为数人的，被保险人或者投保人可以确定受益顺序和受益份额；未确定受益份额的，受益人按照相等份额享有受益权。

被保险人或者投保人可以变更受益人并书面通知保险人。保险人收到变更受益人的书面通知后，应当在保险单或者其他保险凭证上批注或者附贴批单。投保人变更受益人时须经被保险人同意。

保险人依法履行给付保险金的义务如图2-38所示。

4）合同的解除。投保人解除合同的，保险人应当自收到解除合同通知之日起30日内，按照合同约定退还保险单的现金价值。

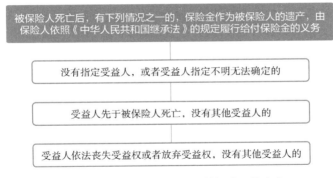

图 2-38　保险人依法履行给付保险金的义务

4. 税法相关法律

（1）税务管理

1）税务登记。《中华人民共和国税收征收管理法》规定，从事生产、经营的纳税人（包括企业，企业在外地设立的分支机构和从事生产、经营的场所，个体工商户和从事生产、经营的单位）自领取营业执照之日起 30 日内，应持有关证件，向税务机关申报办理税务登记。取得税务登记证件后，在银行或者其他金融机构开立基本存款账户和其他存款账户，并将其全部账号向税务机关报告。

从事生产、经营的纳税人的税务登记内容发生变化的，应自工商行政管理机关办理变更登记之日起 30 日内或者在向工商行政管理机关申请办理注销登记之前，持有关证件向税务机关申报办理变更或者注销税务登记。

2）账簿管理。纳税人、扣缴义务人应按照有关法律、行政法规和国务院财政、税务主管部门的规定设置账簿，根据合法、有效凭证记账，进行核算。

从事生产、经营的纳税人、扣缴义务人必须按照国务院财政、税务主管部门规定的保管期限保管账簿、记账凭证、完税凭证及其他有关资料。

3）纳税申报。纳税人必须依照法律、行政法规规定或者税务机关依照法律、行政法规的规定确定的申报期限、申报内容如实办理纳税申报，报送纳税申报表、财务会计报表以及税务机关根据实际需要要求纳税人报送的其他纳税资料。

纳税人、扣缴义务人不能按期办理纳税申报或者报送代扣代缴、代收代缴税款报告表的，经税务机关核准，可以延期申报。经核准延期办理申报、报送事项的，应当在纳税期内按照上期实际缴纳的税款或者税务机关核定的税额预缴税款，并在核准的延期内办理税款结算。

4）税款征收。税务机关征收税款时，必须给纳税人开具完税凭证。扣缴义务人代扣、代收税款时，纳税人要求扣缴义务人开具代扣、代收税款凭证的，扣缴义务人应当开具。

纳税人、扣缴义务人应按照法律、行政法规确定的期限缴纳税款。纳税人因有特殊困难，不能按期缴纳税款的，经省、自治区、直辖市国家税务局、地方税务局批准，可以延期缴纳税款，但是最长不得超过 3 个月。纳税人未按照规定期限缴纳税款的，扣缴义务人未按照规定期限解缴税款的，税务机关除责令限期缴纳外，从滞纳税款之日起，按日加收滞纳税款万分之五的滞纳金。

（2）税率　税率是指应纳税额与计税基数之间的比例关系，是税法结构中的核心部分。我国现行税率有三种，即：比例税率、累进税率和定额税率，如图 2-39 所示。

图 2-39　税率的种类

（3）税收种类　根据税收征收对象不同，税收可分为流转税、所得税、财产税、行为税、资源税等五种，如图 2-40 所示。

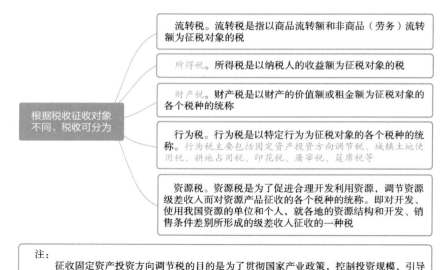

图 2-40　税收种类

第二节　工程造价管理制度

根据《工程造价咨询企业管理办法》，工程造价咨询企业是指接受委托，对建设项目投资、工程造价的确定与控制提供专业咨询服务的企业。工程造价咨询企业从事工程造价咨询活动，应当遵循独立、客观、公正、诚实信用的原则，不得损害社会公共利益和他人的合法权益。

一、工程造价咨询企业资质等级标准

1. 甲级企业资质标准

甲级工程造价咨询企业资质标准如图 2-41 所示。

图 2-41　甲级工程造价咨询企业资质标准

2. 乙级企业资质标准

乙级工程造价咨询企业资质标准如图 2-42 所示。

乙级工程造价咨询企业资质标准如下
企业出资人中，注册造价工程师人数不低于出资人总人数的60%，且其出资额不低于注册资本总额的60%
技术负责人已取得造价工程师注册证书，并具有工程或工程经济类高级专业技术职称，且从事工程造价专业工作10年以上
专职专业人员不少于12人，其中，具有工程或者工程经济类中级以上专业技术职称的人员不少于8人；取得造价工程师注册证书的人员不少于6人，其他人员具有从事工程造价专业工作的经历
企业与专职专业人员签订劳动合同，且专职专业人员符合国家规定的职业年龄（出资人除外）
专职专业人员人事档案关系由国家认可的人事代理机构代为管理
企业注册资本不少于人民币50万元
具有固定的办公场所，人均办公建筑面积不少于10m²
技术档案管理制度、质量控制制度、财务管理制度齐全
企业为本单位专职专业人员办理的社会基本养老保险手续齐全
暂定期内工程造价咨询营业收入累计不低于人民币50万元
申请核定资质等级之日前无违规行为

图 2-42　乙级工程造价咨询企业资质标准

二、工程造价咨询企业业务承接

1. 业务范围

工程造价咨询业务范围如图 2-43 所示。

工程造价咨询业务范围	
	建设项目建议书及可行性研究投资估算、项目经济评价报告的编制和审核
	建设项目概预算的编制与审核，并配合设计方案比选、优化设计、限额设计等工作进行工程造价分析与控制
	建设项目合同价款的确定（包括招标工程工程量清单和标底、投标报价的编制和审核）；合同价款的签订与调整（包括工程变更、工程洽商和索赔费用的计算）及工程款支付，工程结算及竣工结（决）算报告的编制与审核等
	工程造价经济纠纷的鉴定和仲裁的咨询
	提供工程造价信息服务等

图 2-43　工程造价咨询业务范围

2. 执业

（1）咨询合同及其履行 工程造价咨询企业在承接各类建设项目的工程造价咨询业务时，应当与委托人订立书面工程造价咨询合同。工程造价咨询企业与委托人可以参照《建设工程造价咨询合同》（示范文本）订立合同。

工程造价咨询企业从事工程造价咨询业务，应当按照有关规定的要求出具工程造价成果文件。工程造价成果文件应当由工程造价咨询企业加盖有企业名称、资质等级及证书编号的执业印章，并由执行咨询业务的注册造价工程师签字、加盖执业印章。

（2）禁止性行为 工程造价咨询企业不得有的行为如图 2-44 所示。

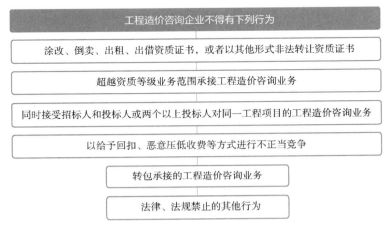

图 2-44 工程造价咨询企业不得有的行为

三、工程造价咨询企业法律责任

1. 资质申请或取得的违规责任

申请人隐瞒有关情况或者提供虚假材料申请工程造价咨询企业资质的，不予受理或者不予资质许可，并给予警告，申请人在 1 年内不得再次申请工程造价咨询企业资质。

以欺骗、贿赂等不正当手段取得工程造价咨询企业资质的，由县级以上地方人民政府建设主管部门或者有关专业部门给予警告，并处以 1 万元以上 3 万元以下的罚款，申请人 3 年内不得再次申请工程造价咨询企业资质。

2. 经营违规责任

未取得工程造价咨询企业资质从事工程造价咨询活动或者超越资质等级承接工程造价咨询业务的，出具的工程造价成果文件无效，由县级以上地方人民政府建设主管部门或者有关专业部门给予警告，责令限期改正，并处以 1 万元以上 3 万元以下的罚款。

工程造价咨询企业不及时办理资质证书变更手续的，由资质许可机关责令限期办理；逾期不办理的，可处以 1 万元以下的罚款。

有如图 2-45 所示行为之一的，由县级以上地方人民政府建设主管部门或者有关专业部门给予警告，责令限期改正；逾期未改正的，可处以 5000 元以上 2 万元以下的

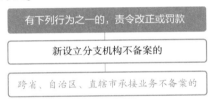

图 2-45 责令改正或罚款的行为

罚款。

3. 其他违规责任

资质许可机关有如图 2-46 所示情形之一的，由其上级行政主管部门或者监察机关责令改正，对直接负责的主管人员和其他直接责任人员依法给予处分；构成犯罪的，依法追究刑事责任。

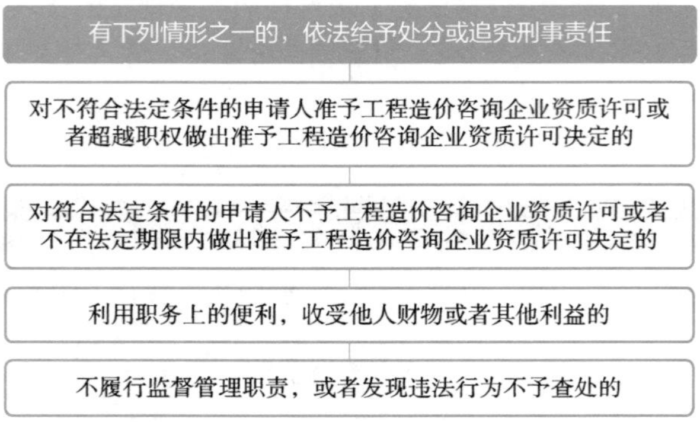

图 2-46　依法给予处分或追究刑事责任的情形

第一节　装饰装修工程材料

一、饰面材料

1. 饰面石材

（1）天然饰面石材

1）花岗石板材。花岗石板材是花岗石经锯、磨、切等工艺加工而成的。花岗石板材质地坚硬密实，抗压强度高，具有优异的耐磨性及良好的化学稳定性，不易风化变质，耐久性好；但由于花岗石中含有石英，在高温下会发生晶型转变，产生体积膨胀，因此，花岗石板材耐火性差。

根据现行国家标准《天然花岗石建筑板材》（GB/T 18601—2009）的规定，天然花岗石板材分为普通板材（N）（正方形或长方形）与异形板材（S）两种。

花岗石板材的分类如图3-1所示。

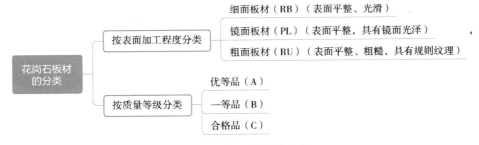

图 3-1　花岗石板材的分类

对花岗石板材的主要技术要求有：规格尺寸允许偏差、外观质量、镜面光泽度、体积密度、吸水率、干燥抗压强度及抗弯强度等。

2）大理石板材。大理石板材是将大理石荒料经锯切、研磨、抛光而成的高级室内外装饰材料，其价格因花色、加工质量而异，差别极大。大理石结构致密，抗压强度高，但硬度不大，因此大理石相对较易进行锯解、雕琢和磨光等加工。纯净的大理石为白色，称为汉白玉，纯白和纯黑的大理石属于名贵品种。

根据现行国家标准《天然大理石建筑板材》（GB/T 19766—2016）的规定，大理石板分为普通板材（N）与异形板材（S）两种。

大理石板材的分类如图 3-2 所示。

对大理石板材的主要技术要求有：规格尺寸允许偏差、外观质量、镜面光泽度、体积密度、吸水率、干燥抗压强度及抗弯强度等。

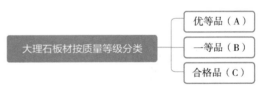

图 3-2　大理石板材的分类

大理石板材具有吸水率小、耐磨性好以及耐久性好等优点，但其抗风化性能较差。因为大理石主要的化学成分为碳酸钙，易被侵蚀，使表面失去光泽，变得粗糙而降低装饰及使用效果，故除个别品种（含石英为主的砂岩及石曲岩）外一般不宜用作室外装饰。

（2）人造饰面石材

1）建筑水磨石板材。建筑水磨石板材是以水泥、石渣和砂为主要原料，经搅拌、成型、养护、研磨、抛光等工序制成的，具有强度高、坚固耐久、美观、刷洗方便、不易起尘、较好的防水与耐磨性能、施工简便等特点。特别值得注意的是，用高铝水泥作为胶凝材料制成的水磨石板，其光泽度高、花纹耐久，抗风化性、耐火性与防潮性等更好，原因在于高铝水泥水化生成的氢氧化铝胶体与光滑的模板表面接触时形成氢氧化铝凝胶层，在水泥硬化过程中，这些氢氧化铝胶体不断填充于骨料的毛细孔隙中，形成致密结构，因而表面光滑、有光泽、呈半透明状。

水磨石板材的分类如图 3-3 所示。

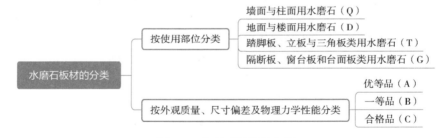

图 3-3　水磨石板材的分类

2）合成石面板。合成石面板属于人造石板，以不饱和聚酯树脂为胶凝材料，掺以各种无机物填料加反应促进剂制成，具有天然石材的花纹和质感、体积密度小、强度高、厚度薄、耐酸碱性与抗污染性好，其色彩和花纹均可根据设计意图制作，还可制成弧形、曲面等几何形状。其品种有仿天然大理石板、仿天然花岗石板等，可用于室内外立面、柱面装饰，作为室内墙面与地面装饰材料，还可作为楼梯面板、窗台板等。

2. 饰面陶瓷

（1）釉面砖　釉面砖又称瓷砖，其正面挂釉，背面有凹凸纹，以便于粘贴施工。它是建筑装饰工程中最常用、最重要的饰面材料之一，由瓷土或优质陶土煅烧而成，属于精陶制品。釉面砖按釉面颜色分为单色（含白色）、花色及图案砖三种；按形状分为正方形、长方形和异形配件砖三种；按外观质量等级分为优等品（A）、一等品（B）与合格品（C）三个等级。

釉面砖具有表面平整、光滑，坚固耐用，色彩鲜艳，易于清洁，防火，防水，耐磨，耐腐蚀等特点。但其不应用于室外，因釉面砖砖体多孔，吸收大量水分后将产生湿胀现象，而釉吸湿膨胀率非常小，从而导致釉面开裂，出现剥落、掉皮现象。

（2）墙地砖　墙地砖是墙砖和地砖的总称，由于目前其发展趋向为产品作为墙、地两用，故称为墙地砖，实际上包括建筑物外墙装饰贴面用砖和室内外地面装饰铺贴用砖。墙地砖是以品质均匀、耐火度较高的黏土作为原料，经压制成型，在高温下烧制而成的，具有坚固耐用、易清洗、防火、防水、耐磨、耐腐蚀等特点，可制成平面、麻面、仿花岗石面、无光釉面、有光釉面、防滑面、耐磨面等多种产品。为了与基材有良好的粘结，其背面常常具有凹凸不平的沟槽等。墙地砖品种规格繁多，尺寸各异，以满足不同使用环境条件的需要。

（3）陶瓷锦砖　陶瓷锦砖是以优质瓷土烧制成的小块瓷砖。出厂前按设计图案将其反贴在牛皮纸上，每张边长约30cm。表面有无釉与有釉两种；花色有单色与拼花两种；基本形状有正方形、长方形、六角形等多种。

陶瓷锦砖色泽稳定、美观、耐磨、耐污染、易清洗，抗冻性能好，坚固耐用，且造价较低，主要用于室内地面铺装。

（4）瓷质砖　瓷质砖又称同质砖、通体砖、玻化砖，是由天然石料破碎后添加化学胶粘剂压合经高温烧结而成的。瓷质砖的烧结温度高，瓷化程度好，吸水率小于0.5%，吸湿膨胀率极小，故该砖抗折强度高、耐磨损、耐酸碱、不变色、寿命长，在 −15～20℃ 冻融循环 20 次无可见缺陷。

瓷质砖具有天然石材的质感，而且具有高光度、高硬度、高耐磨、吸水率低、色差少以及规格多样化和色彩丰富等优点。装饰在建筑物外墙壁上能起到隔声、隔热的作用，而且它比大理石轻便，质地均匀致密、强度高、化学性能稳定，其优良的物理化学性能，源自它的微观结构。瓷质砖是多晶材料，主要由无数微粒级的石英晶粒和莫来石晶粒构成网架结构，这些晶体和玻璃体都有很高的强度和硬度，并且晶粒和玻璃体之间具有相当高的结合强度。

3. 其他饰面材料

（1）石膏饰面材料　石膏饰面材料包括石膏花饰、装饰石膏板及嵌装式装饰石膏板等。它们均以建筑石膏为主要原料，掺入适量纤维增强材料（玻璃纤维、石棉等纤维及108胶等胶粘剂）和外加剂，与水搅拌后，经浇筑成型、干燥制成。装饰石膏板按防潮性能分为普通板与防潮板两类，每类又可按平面形状分为平板、孔板与浮雕板三种。石膏板主要用作室内吊顶及内墙饰面。

（2）塑料饰面材料　塑料饰面材料包括各种塑料壁纸、塑料装饰板材（塑料贴面装饰、硬质PVC板、玻璃钢板、钙塑泡沫装饰吸声板等）、塑料卷材地板、块状塑料地板、化纤地毯等。

（3）木材、金属等饰面材料　木材、金属等饰面材料包括薄木贴面板、胶合板、木地板、铝合金装饰板、彩色不锈钢板等。

二、建筑玻璃

1. 平板玻璃

1）平板玻璃的厚度偏差和厚薄差见表3-1。

表 3-1　平板玻璃的厚度偏差和厚薄差　　　　　　（单位：mm）

公称厚度	厚度偏差	厚薄差
2～6	±0.2	0.2
8～12	±0.3	0.3
15	±0.5	0.5

（续）

公称厚度	厚度偏差	厚薄差
19	±0.7	0.7
22~25	±1.0	1.0

2）平板玻璃的尺寸偏差应不超过表3-2的规定。

表3-2 平板玻璃的尺寸偏差 （单位：mm）

公称厚度	尺寸偏差	
	尺寸≤3000	尺寸>3000
2~6	±2	±3
8~10	+2，−3	+3，−4
12~15	±3	±4
19~25	±5	±5

3）平板玻璃的对角线差不大于其平均长度的0.2%。

4）尺寸偏斜：长度1000mm，不得超过±2mm。

5）外观质量。平板玻璃合格品外观质量应符合表3-3的规定。

6）弯曲度。平板玻璃弯曲度应不超过0.2%。

表3-3 平板玻璃外观质量要求

缺陷种类	外观质量要求		
点状缺陷①	尺寸（L）/mm	允许个数限度	
	0.5≤L≤1.0	2S	
	1.0<L≤2.0	1S	
	2.0<L≤3.0	0.5S	
	L>3.0	0	
点状缺陷密集度	尺寸≥0.5mm的点状缺陷最小间距不小于300mm；直径100mm圆内尺寸≥0.3mm的点状缺陷不超过3个		
线道	不允许		
裂纹	不允许		
划伤	允许范围	允许条数限度	
	宽≤0.5mm，长≤60mm	3S	
光学变形	公称厚度	无色透明平板玻璃	本体着色平板玻璃
	2mm	≥40°	≥40°
	3mm	≥45°	≥40°
	≥4mm	≥50°	≥45°
断面缺陷	公称厚度不超过8mm时，不超过玻璃板的厚度；8mm以上时，不超过8mm		

注：S是以m²为单位的玻璃板面积数值，按GB/T 8170修约，保留小数点后两位。点状缺陷的允许个数限度及划伤的允许条数限度为各系数与S相乘所得的数值，按GB/T 8170修约至整数。

① 光畸变点视为0.5~1.0mm的点状缺陷。

2. 夹层玻璃

（1）弯曲度　平面夹层玻璃的弯曲度不得超过0.3%。使用夹丝玻璃或钢化玻璃制作的夹层玻璃弯曲度由供需双方商定。

（2）可见光透射比　可见光透射比由供需双方商定。取3块试样进行试验，当3块试样均符合要求时为合格。

（3）可见光反射比　可见光反射比由供需双方商定。取3块试样进行试验，当3块试样均符合要求时为合格。

（4）耐热性　试验后允许试样存在裂口，但超出边部或裂口13mm部分不能产生气泡或其他缺陷。

取3块试样进行试验。当3块试样全部符合要求时为合格，只有1块符合要求时为不合格。当2块试样符合要求时，再追加试验3块新试样，3块全部符合要求时为合格。

（5）耐湿性　试验后超出原始边15mm、新切边25mm、裂口10mm部分不能产生气泡或其他缺陷。

取3块试样进行试验。当3块试样全部符合要求时为合格，只有1块符合要求时为不合格。当2块试样符合要求时，再追加试验3块新试样，3块全部符合要求时为合格。

（6）耐辐照性　试验后要求试样不可产生显著变色、气泡及浑浊现象。

可见光透射比相对减少率 ΔT 应不大于10%。

$$\Delta T = \frac{T_1 - T_2}{T_1} \times 100\%$$

式中　ΔT——可见光透射比相对减少率（%）；

T_1——紫外线照射前的可见光透射比；

T_2——紫外线照射后的可见光透射比。

使用压花玻璃作为原片的夹层玻璃对可见光透射比不做要求。

取3块试样进行试验。当3块试样全部符合要求时为合格，只有1块符合要求时为不合格。当2块试样符合要求时，再追加试验3块新试样，3块全部符合要求时为合格。

（7）落球冲击剥离性能　试验后中间层不得断裂或不得因碎片的剥落而暴露。

钢化夹层玻璃、弯夹层玻璃、总厚度超过16mm的夹层玻璃及原片在3片或3片以上的夹层玻璃由供需双方商定。

取6块试样进行试验。当5块或5块以上符合要求时为合格，3块或3块以下符合要求时为不合格。当4块试样符合要求时，再追加试验6块新试样，6块全部符合要求时为合格。

（8）霰弹袋冲击性能　取4块试样进行试验，4块试样均应符合表3-4的规定。

表3-4　霰弹袋冲击性能

种类	冲击高度/mm	结果判定
Ⅱ-1 类	1200	试样不破坏；如试样破坏，破坏部分不应存在断裂或使直径75mm球自由通过的孔
Ⅱ-2 类	750	
Ⅲ类	300→450→600→ 750→900→1200	需同时满足以下要求： （1）破坏时，允许出现裂缝和碎裂物，但不允许出现断裂或产生使75mm球自由通过的孔 （2）在不同高度冲击后发生崩裂而产生碎片时，称量试验后5min内掉下来的10块最大碎片，其质量不得超过65cm² 面积内原始试样的质量 （3）1200mm冲击后，试样不一定保留在试验框内，但应保持完整

该项不适用于评价比试样尺寸或面积大得多的制品。

（9）抗风压性能　应由供需双方商定是否有必要进行本项试验，以便合理选择给定风载条件下适宜的夹层玻璃厚度，或验证所选定的玻璃厚度及面积能否满足设计抗风压值的要求。

3. 中空玻璃

1）中空玻璃长（宽）度允许偏差见表3-5。

表3-5　中空玻璃长（宽）度允许偏差　（单位：mm）

长（宽）度 L	允许偏差
L < 1000	±2
1000 ≤ L < 2000	+2，−3
L ≥ 2000	±3

2）中空玻璃厚度允许偏差见表3-6。

表3-6　中空玻璃厚度允许偏差　（单位：mm）

公称厚度 T	允许偏差
T < 17	±1.0
17 ≤ T < 22	±1.5
T ≥ 22	±2.0

注：中空玻璃的公称厚度为玻璃原片的玻璃厚度与间隔厚度之和。

4. 钢化玻璃

（1）尺寸及其允许偏差

1）长方形平面钢化玻璃边长的允许偏差应符合表3-7的规定。

表3-7　长方形平面钢化玻璃边长的允许偏差　（单位：mm）

厚度	边长（L）允许偏差			
	L ≤ 1000	1000 < L ≤ 2000	2000 < L ≤ 3000	L > 3000
3、4、5、6	+1 −2	±3	±4	±5
8、10、12	+2 −3			
15	±4	±4		
19	±5	±5	±6	±7
>19	供需双方商定			

2）长方形平面钢化玻璃对角线允许偏差应符合表3-8的规定。

表3-8　长方形平面钢化玻璃对角线允许偏差　（单位：mm）

厚度	对角线偏差允许值		
	边长 ≤ 2000	2000 < 边长 ≤ 3000	边长 > 3000
3、4、5、6	±3.0	±4.0	±5.0

（续）

厚度	对角线偏差允许值		
	边长≤2000	2000<边长≤3000	边长>3000
8、10、12	±4.0	±5.0	±6.0
15、19	±5.0	±6.0	±7.0
>19	供需双方商定		

3）其他形状的钢化玻璃的尺寸及其允许偏差，由供需双方商定。

（2）圆孔加工　公称厚度不小于4mm的钢化玻璃，其圆孔的边部加工质量由供需双方商定。其孔径一般不小于玻璃的公称厚度，孔径的允许偏差应符合表3-9的规定。小于玻璃公称厚度的孔，其孔径允许偏差由供需双方商定。

表3-9　孔径的允许偏差　（单位：mm）

公称孔径 D	允许偏差	公称孔径 D	允许偏差
4≤D≤50	±1.0	D>100	供需双方商定
50<D≤100	±2.0		

（3）厚度及其允许偏差　钢化玻璃厚度的允许偏差应符合表3-10的规定。

表3-10　钢化玻璃厚度的允许偏差　（单位：mm）

公称厚度	厚度允许偏差	公称厚度	厚度允许偏差
3、4、5、6	±0.2	15	±0.6
8、10	±0.3	19	±1.0
12	±0.4	>19	供需双方商定

注：对于表中未做规定的公称厚度的玻璃，其厚度允许偏差可采用表中与其邻近的较薄厚度的玻璃的规定，或由供需双方商定。

（4）外观质量　钢化玻璃的外观质量应满足表3-11的要求。

表3-11　钢化玻璃的外观质量

缺陷名称	说　明	允许缺陷数
爆边	每片玻璃每米边上允许有长度不超过10mm，自玻璃边部向玻璃板表面延伸深度不超过2mm，自板面向玻璃厚度延伸深度不超过厚度1/3的爆边个数	1处
划伤	宽度在0.1mm以下的轻微划伤，每平方米面积内允许存在条数	长度≤0.1mm时，4条
	宽度大于0.1mm的划伤，每平方米面积内允许存在条数	宽度0.1~1mm，长度≤100mm时，4条
夹钳印	夹钳印与玻璃边缘的距离≤20mm，边部变形量≤2mm	
裂纹、缺角	不允许存在	

（5）弯曲度　平面钢化玻璃的弯曲度，弓形时应不超过0.3%，波形时应不超过0.2%。

（6）抗冲击性　取6块钢化玻璃进行试验，试样破坏数不超过1块为合格，大于或等于3块为不合格。

破坏数为 2 块时，再另取 6 块进行试验，试样必须全部不被破坏为合格。

（7）碎片状态　取 4 块玻璃试样进行试验，每块试样在任何 50mm×50mm 区域内的最少碎片数必须满足表 3-12 的要求，且允许有少量长条形碎片，其长度不超过 75mm。

表 3-12　最少允许的碎片数

玻璃品种	公称厚度/mm	最少碎片数/片
平面钢化玻璃	3	30
	4～12	40
	≥15	30
曲面钢化玻璃	≥4	30

（8）霰弹袋冲击性能　取 4 块平型玻璃试样进行试验，应符合下列 1）或 2）中任意一条规定。

1）玻璃破碎时，每块试样的最大 10 块碎片质量的总和不得超过相当于试样 65cm² 面积的质量，保留在框内的任何无贯穿裂纹的玻璃碎片的长度不能超过 120mm。

2）霰弹袋下落高度为 1200mm 时，试样不被破坏。

5. 防火玻璃

1）复合防火玻璃的尺寸和厚度允许偏差应符合表 3-13 的规定。

表 3-13　复合防火玻璃的尺寸和厚度允许偏差　（单位：mm）

玻璃的总厚度 d	长度或宽度（L）允许偏差		厚度允许偏差
	L≤1200	1200＜L≤2400	
5≤d＜11	±2	±3	±1.0
11≤d＜17	±3	±4	±1.0
17≤d＜24	±4	±5	±1.3
24≤d＜35	±5	±6	±1.5
d≥35	±5	±6	±20

注：当长度 L 大于 2400mm 时，尺寸允许偏差由供需双方商定。

2）单片防火玻璃的尺寸和厚度允许偏差应符合表 3-14 的规定。

表 3-14　单片防火玻璃的尺寸和厚度允许偏差　（单位：mm）

玻璃厚度	长度或宽度（L）允许偏差			厚度允许偏差
	L≤1000	1000＜L≤2000	L＞2000	
5	+1			±0.2
6	−2			
8		±3	±4	±0.3
10	+2			
	−3			
12				±0.3
15	±4	±4		±0.5
19	±5	±5	±6	±0.7

3）复合防火玻璃的外观质量应符合表 3-15 的规定。

表 3-15　复合防火玻璃的外观质量要求

缺陷名称	要求
气泡	直径 300mm 圆内允许长 0.5~1.0mm 的气泡 1 个
胶合层杂质	直径 500mm 圆内允许长 2.0mm 以下的杂质 2 个
划伤	宽度≤0.1mm，长度≤50mm 的轻微划伤，每平方米面积内不超过 4 条
划伤	0.1mm<宽度<0.5mm，长度≤50mm 的轻微划伤，每平方米面积内不超过 1 条
爆边	每米边长允许有长度不超过 20mm、自边部向玻璃表面延伸深度不超过厚度一半的爆边 4 个
叠差、裂纹、脱胶	脱胶、裂纹不允许存在；总叠差不应大于 3mm

注：复合防火玻璃周边 15mm 范围内的气泡、胶合层杂质不做要求。

4）单片防火玻璃的外观质量应符合表 3-16 的规定。

表 3-16　单片防火玻璃的外观质量要求

缺陷名称	要求
爆边	不允许存在
划伤	宽度≤0.1mm，长度≤50mm 的轻微划伤，每平方米面积内不超过 2 条
划伤	0.1mm<宽度<0.5mm，长度≤50mm 的轻微划伤，每平方米面积内不超过 1 条
结石、裂纹、缺角	不允许存在

5）耐火性能。隔热型防火玻璃（A 类）和非隔热型防火玻璃（C 类）的耐火性能应符合表 3-17 的规定。

表 3-17　防火玻璃的耐火性能

分类名称	耐火极限等级	耐火性能要求
隔热型防火玻璃（A 类）	3.00h	耐火隔热性时间≥3.00h，且耐火完整性时间≥3.00h
	2.00h	耐火隔热性时间≥2.00h，且耐火完整性时间≥2.00h
	1.50h	耐火隔热性时间≥1.50h，且耐火完整性时间≥1.50h
	1.00h	耐火隔热性时间≥1.00h，且耐火完整性时间≥1.00h
	0.50h	耐火隔热性时间≥0.50h，且耐火完整性时间≥0.50h
非隔热型防火玻璃（C 类）	3.00h	耐火完整性时间≥3.00h，耐火隔热性无要求
	2.00h	耐火完整性时间≥2.00h，耐火隔热性无要求
	1.50h	耐火完整性时间≥1.50h，耐火隔热性无要求
	1.00h	耐火完整性时间≥1.00h，耐火隔热性无要求
	0.50h	耐火完整性时间≥0.50h，耐火隔热性无要求

6）防火玻璃的可见光透射比应符合表 3-18 的要求。

表 3-18　防火玻璃的可见光透射比

项目	允许偏差最大值（明示标称值）	允许偏差最大值（未明示标称值）
可见光透射比	±3%	≤5%

三、建筑装饰涂料

1. 建筑装饰涂料的基本组成

建筑装饰涂料的基本组成如图 3-4 所示。

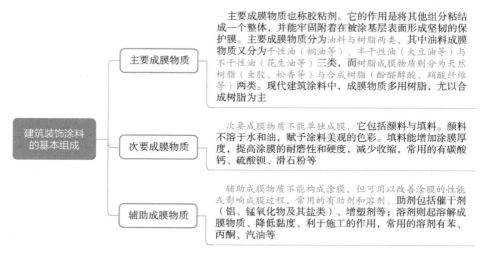

图 3-4　建筑装饰涂料的基本组成

2. 对外墙涂料的基本要求

对外墙涂料的基本要求如图 3-5 所示。

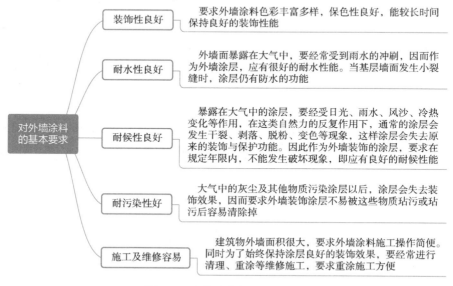

图 3-5　对外墙涂料的基本要求

3. 对内墙涂料的基本要求

对内墙涂料的基本要求如图 3-6 所示。

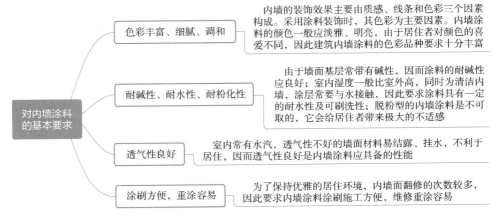

图 3-6　对内墙涂料的基本要求

4. 对地面涂料的基本要求

对地面涂料的基本要求如图 3-7 所示。

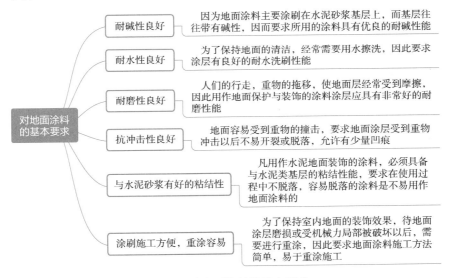

图 3-7　对地面涂料的基本要求

第二节　装饰装修工程施工技术

一、抹灰工程

1. 抹灰材料的选用

抹灰用的水泥宜为硅酸盐水泥、普通硅酸盐水泥，其强度等级不应小于 32.5MPa。不同品种、不同强度等级的水泥不得混合使用。抹灰用的砂子宜选用中砂，砂子使用前应过筛，不得含有杂物。抹灰用石灰膏的熟化期不应少于 15d。罩面用的磨细石灰粉熟化期不应少于 3d。

2. 阴阳角做法及要求

不同材料基体交接处表面的抹灰应采取防止开裂的加强措施。室内墙面、柱面和门洞口的阳角做法应符合设计要求，设计无要求时，应采用 1:2 水泥砂浆做暗护角，其高度不应低于 2m，每侧宽度不应小于 50mm。水泥砂浆抹灰层应在抹灰 24h 后进行养护。

3. 基层处理

1）砖砌体应清除表面杂物、尘土，抹灰前应洒水湿润。

2）混凝土表面应凿毛或在表面洒水润湿后涂刷 1:1 水泥砂浆（加适量胶粘剂）。

3）加气混凝土应在湿润后边刷界面剂，边抹强度等级不大于 M5 的水泥混合砂浆。

4. 抹灰厚度

大面积抹灰前应设置标筋。抹灰应分层进行，每遍厚度宜为 5~7mm；抹石灰砂浆和水泥混合砂浆每遍厚度宜为 7~9mm；当抹灰总厚度超出 35mm 时，应采取加强措施。

5. 抹灰注意问题

用水泥砂浆和水泥混合砂浆抹灰时，应待前一抹灰层凝结后方可抹后一层；用石灰砂浆抹灰时，待前一抹灰层七八成干后方可抹后一层。

二、吊顶工程

1. 构件防腐处理

后置埋件、金属吊杆、龙骨应进行防腐处理。木吊杆、木龙骨、造型木板和木饰面板应进行防腐、防火、防蛀处理。

2. 设备安装要求

重型灯具、电扇及其他重型设备严禁安装在吊顶龙骨上。

3. 龙骨的安装要求

龙骨的安装要求如图 3-8 所示。

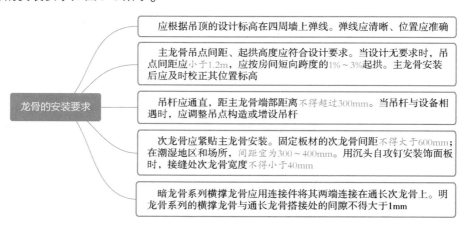

图 3-8　龙骨的安装要求

4. 纸面石膏板和纤维水泥加压板的安装规定

纸面石膏板和纤维水泥加压板的安装规定如图 3-9 所示。

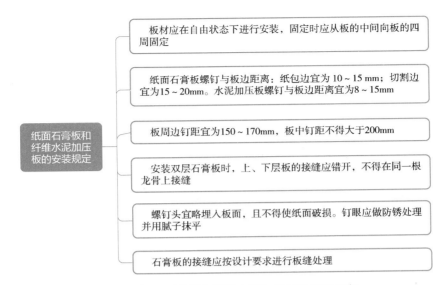

板材应在自由状态下进行安装，固定时应从板的中间向板的四周固定

纸面石膏板螺钉与板边距离：纸包边宜为 10 ~ 15mm；切割边宜为 15 ~ 20mm。水泥加压板螺钉与板边距离宜为 8 ~ 15mm

板周边钉距宜为150 ~ 170mm，板中钉距不得大于200mm

安装双层石膏板时，上、下层板的接缝应错开，不得在同一根龙骨上接缝

螺钉头宜略埋入板面，且不得使纸面破损。钉眼应做防锈处理并用腻子抹平

石膏板的接缝应按设计要求进行板缝处理

纸面石膏板和纤维水泥加压板的安装规定

图 3-9　纸面石膏板和纤维水泥加压板的安装规定

5. 石膏板、钙塑板的安装规定

1）当采用钉固法安装时，螺钉与板边距离不得小于 15mm，螺钉间距宜为 150 ~ 170mm，均匀布置，并应与板面垂直，钉帽应进行防锈处理，并应用与板面颜色相同的涂料涂饰或用石膏腻子抹平。

2）当采用粘接法安装时，胶粘剂应涂抹均匀，不得漏涂。

三、轻质隔墙工程

1. 轻钢龙骨的安装规定

轻钢龙骨的安装规定如图 3-10 所示。

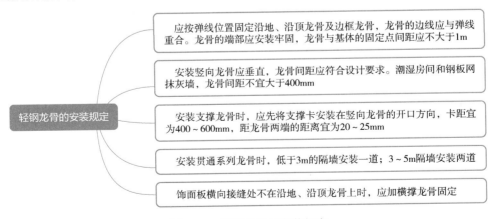

应按弹线位置固定沿地、沿顶龙骨及边框龙骨，龙骨的边线应与弹线重合。龙骨的端部应安装牢固，龙骨与基体的固定点间距应不大于1m

安装竖向龙骨应垂直，龙骨间距应符合设计要求。潮湿房间和钢板网抹灰墙，龙骨间距不宜大于400mm

安装支撑龙骨时，应先将支撑卡安装在竖向龙骨的开口方向，卡距宜为400 ~ 600mm，距龙骨两端的距离宜为20 ~ 25mm

安装贯通系列龙骨时，低于3m的隔墙安装一道；3 ~ 5m隔墙安装两道

饰面板横向接缝处不在沿地、沿顶龙骨上时，应加横撑龙骨固定

轻钢龙骨的安装规定

图 3-10　轻钢龙骨的安装规定

2. 木龙骨的安装规定

木龙骨的安装规定如图 3-11 所示。

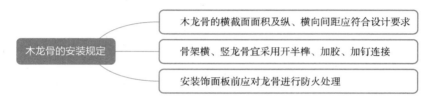

图 3-11　木龙骨的安装规定

3. 纸面石膏板的安装规定

纸面石膏板的安装规定如图 3-12 所示。

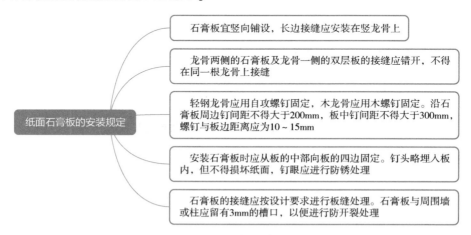

图 3-12　纸面石膏板的安装规定

4. 胶合板的安装规定

胶合板的安装规定如图 3-13 所示。

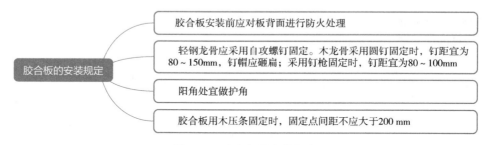

图 3-13　胶合板的安装规定

5. 玻璃砖墙的安装规定

玻璃砖墙的安装规定如图 3-14 所示。

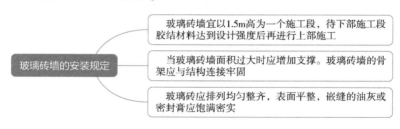

图 3-14　玻璃砖墙的安装规定

四、墙面铺装工程

1. 施工现场温度与湿度的要求

湿作业施工现场环境温度宜在5℃以上，裱糊时空气相对湿度不得大于85%，应防止湿度及温度剧烈变化。

2. 墙面砖铺贴的规定

墙面砖墙铺贴的规定如图3-15所示。

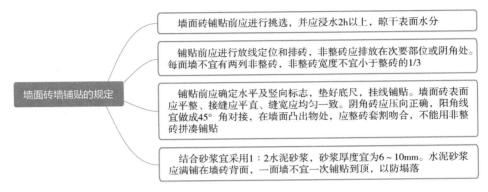

图 3-15　墙面砖墙铺贴的规定

3. 墙面石材铺装的规定

墙面石材铺装的规定如图3-16所示。

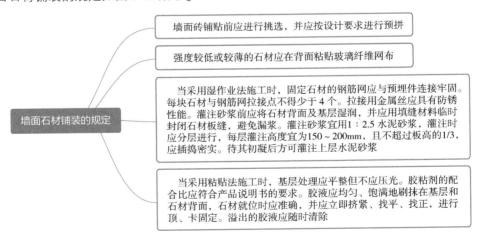

图 3-16　墙面石材铺装的规定

4. 木装饰装修墙制作安装的规定

1）打孔安装木砖或木楔，深度应不小于40mm，木砖或木楔应做防腐处理。

2）龙骨间距应符合设计要求。当设计无要求时，横向间距宜为300mm，竖向间距宜为400mm。龙骨与木砖或木楔连接应牢固。龙骨本质基层板应进行防火处理。

五、涂饰工程

1. 含水率和温度要求

混凝土或抹灰基层涂刷溶剂型涂料时，含水率不得大于 8%；涂刷水性涂料时，含水率不得大于 10%；木质基层含水率不得大于 12%。

施工现场环境温度宜为 5～35℃，并应注意通风换气和防尘。

2. 涂饰施工一般方法

涂饰施工一般方法如图 3-17 所示。

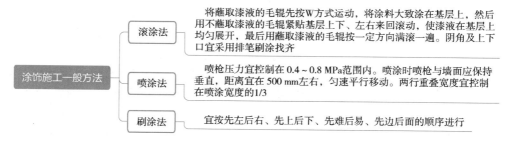

图 3-17　涂饰施工一般方法

3. 各基层涂刷要求

各基层涂刷要求如图 3-18 所示。

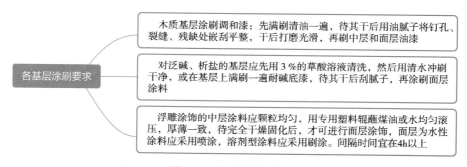

图 3-18　各基层涂刷要求

六、地面铺装工程

地面铺装的规定如图 3-19 所示。

七、玻璃幕墙

1. 玻璃幕墙的结构形式

建筑幕墙是建筑物主体结构外围的围护结构，具有防风、防雨、隔热、保温、防火、抗震和避雷等多种功能。按幕墙材料可分为玻璃幕墙、石材幕墙、金属幕墙、混凝土幕墙和组合幕墙。其材料及技术要求高，相关构造特殊，工程造价要高于一般做法的外墙。建筑幕墙具有新颖耐久、

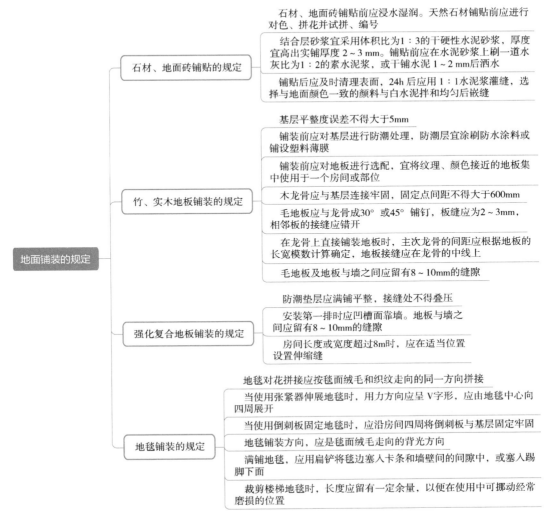

图 3-19　地面铺装的规定

美观时尚、装饰感强、施工快捷、便于维修等特点，是一种广泛运用于现代建筑的结构构件。

玻璃幕墙是目前国内外最常用的一种幕墙，广泛运用于现代化高档公共建筑的外墙装饰，是用玻璃板片做墙面板材，与金属构件组成悬挂在建筑物主体结构上的非承重连续外围护墙体。

2. 玻璃幕墙施工

玻璃幕墙的施工工序较多，施工技术和安装精度比较高，凡从事玻璃安装施工的企业，必须取得相应专业资质后方可承接业务。

（1）有框玻璃幕墙施工　有框玻璃幕墙主要由幕墙立柱、横梁、玻璃、主体结构、预埋件、连接件，以及连接螺栓、垫杆和胶缝、开启窗扇组成。竖直玻璃幕墙立柱应悬挂连接在主体结构上，并使其处于受拉状态。

有框玻璃幕墙施工工艺流程如图 3-20 所示。

1）弹线定位。弹线工作以建筑物轴线为准，依据设计要求先将骨架位置线弹到主体结构上，以确定竖向杆件位置。工程主体部分，以中部水平线为基准，向上下放线，确定每层水平线后用水准仪对横向节点的标高进行抄平。测量结果应与主体工程施工测量轴线一致，当主体结构轴线误差大

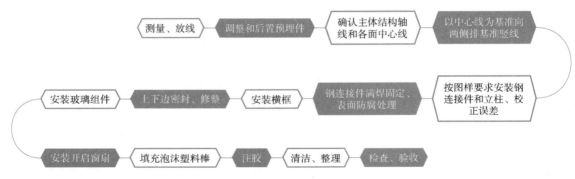

图 3-20　有框玻璃幕墙施工工艺流程

于规定的允许偏差时，征得监理和设计人员同意后，方可调整装饰工程轴线。

2）钢连接件安装。钢连接件的预埋钢板应尽量采用原主体结构预埋钢板，无条件时可采用后置钢锚板加膨胀螺栓的方法，但要经过试验确定其承载力。玻璃幕墙与主体结构连接的钢构件一般采用三维可调连接件，其对预埋件埋设精度要求不高，安装骨架时，上下左右及幕墙平面垂直度等可自行调整。

3）框架安装。立柱先与连接件连接，连接件再与主体结构预埋件连接并调整、固定；同一层横梁安装由下向上进行，安装完一层高度时进行检查调整校正，符合质量要求后固定。横梁与立柱连接处应垫弹性橡胶垫片，用于消除横向热胀冷缩应力及变形造成的横竖杆件的摩擦响声。

4）玻璃安装。安装前擦净玻璃表面尘土，镀膜玻璃的镀膜面应朝向室内，玻璃与构件不得直接接触，以防止玻璃因温度变化引起胀缩致破坏。玻璃四周与构件凹槽应保持一定空隙，每块玻璃下部应设置不少于 2 块的弹性定位垫块。垫块宽度与槽宽相同，长度不小于 100mm。

5）缝隙处理。窗间墙、窗槛墙之间采用防火材料堵塞，隔离挡板采用 1.5mm 厚的钢板，并涂防火材料两遍。接缝处用防火密封胶封闭，保证接缝处的严密。

6）避雷设施安装。安装立柱时应按设计要求进行防雷体系的连接。均压环应与主体结构避雷系统相连，预埋件与均压环通过截面面积不小于 48mm² 的圆钢或扁钢连接。圆钢或扁钢与预埋件均压环进行搭接焊接，焊缝长度不小于 75mm，位于均压环所在层的每个立柱与支座间应用宽度不小于 24mm、厚度不小于 2mm 的铝条连接，保证其导电电阻小于 10Ω。

（2）全玻璃幕墙施工　由玻璃板和玻璃肋制作的玻璃幕墙称为全玻璃幕墙，采用较厚的玻璃隔声效果较好、通透性强，用于外墙装饰时使室内外环境浑然一体，被广泛用于各种底层公共空间的外装饰。全玻璃幕墙按构造方式可分为吊挂式和坐落式两种。

以吊挂式全玻璃幕墙为例，其施工流程如图 3-21 所示。

图 3-21　吊挂式全玻璃幕墙施工流程

1）施工定位放线。同有框玻璃幕墙，即使用经纬仪、水准仪配合钢卷尺、重锤、水平尺复核主体结构轴线、标高及尺寸，对原预埋件进行位置检查、质量复核。

2）上部钢架安装。上部钢架用于安装玻璃吊具的支架，对强度和稳定性要求较高，应使用热镀锌钢材，严格按照设计要求施工、制作。安装前应注意的事项如图 3-22 所示。

钢架安装前要检查预埋件或钢锚板的质量是否符合设计要求，锚栓位置离混凝土边缘不小于50mm
相邻柱间的钢架、吊具的安装必须通顺平直
钢架应进行隐蔽工程验收，需要经监理公司有关人员验收合格后方可对施焊处进行防锈处理

图 3-22　安装前应注意的事项

3）下部和侧面嵌槽安装。镶嵌固定玻璃的槽口应采用型钢，如尺寸较小的槽钢应与预埋件焊接牢固，验收后必须进行防锈处理。下部槽口内每块玻璃的两角附近放置两块氯丁胶垫块，长度不小于 100mm。

4）玻璃板安装。

① 检查玻璃质量。重点是检查玻璃有无裂纹和崩边，粘接在玻璃上的铜夹片位置是否正确，要擦拭干净，用笔做好中心标记。

② 安装电动玻璃吸盘。玻璃吸盘要对称吸附于玻璃面并吸附牢固。

③ 安装完毕后先试吸，即将玻璃试吊起 2～3m，检查各吸盘的牢固度。

④ 在玻璃适当位置安装手动吸盘、拉缆绳和侧面保护胶套，协助就位和保证安全。

⑤ 在镶嵌固定玻璃的上下槽口内侧，一般应粘贴低发泡塑料垫条，垫条的宽度同嵌缝胶的宽度，并且留有足够的注胶深度。

⑥ 起重机移动玻璃至安装位置，待完全对准后进行安装。

⑦ 上层的工人把握好玻璃，等下层工人都能把握住深度吸盘时，可去掉玻璃一侧的保护胶套，利用吸盘的手动吊链吊起玻璃，使玻璃下端略高于下部槽口。此时，下层工人将玻璃拉入槽内，并利用木板遮挡，防止碰撞相邻玻璃。用木板轻托玻璃下端，防止与金属槽口碰撞。

⑧ 玻璃定位。安装好玻璃夹具，各吊杆螺栓应在上部钢架的定位处，并与钢架轴线重合，上下调节吊杆螺栓的螺钉，使玻璃提升和准确就位。第一块玻璃安装后要检查其侧边的垂直度，以后玻璃只需检查缝隙宽度是否相等、是否符合设计尺寸即可。

⑨ 做好上部吊挂后，镶嵌固定上下边框槽口外侧垫条，使安装好的玻璃镶嵌固定到位。

5）灌注密封胶。

① 用专用清洁剂擦拭干净，但不能用湿布和清水擦洗，所注胶面必须干燥。

② 注胶前需在玻璃上粘贴美纹纸加上保护。

③ 由专业注胶工施工，注胶从内外两侧同时进行，注胶速度和厚度要均匀，不要夹带气泡。密封胶的表面要呈现出凹曲面的形状。

④ 耐候硅酮胶的施工厚度，一般应为 3.5～4.5mm，以保证密封性能。

⑤ 结构密封胶的厚度应遵守设计的规定，结构硅酮胶必须在产品有效期内使用。

6）洁面处理。玻璃幕墙施工完毕后，要认真清洗玻璃幕墙表面，使之达到竣工验收的标准。

（3）点支撑玻璃幕墙施工　点支撑玻璃幕墙是指在幕墙玻璃的四角打孔，用幕墙专用钢爪将玻璃连接起来，并将荷载传给相应构件，最后传给主体结构的一种幕墙做法。点式连接玻璃幕墙主要有玻璃肋点式连接玻璃幕墙、钢桁架点式连接玻璃幕墙和拉索式点式连接玻璃幕墙。玻璃肋点式连接玻璃幕墙是指玻璃肋支撑在主体结构上，在玻璃肋上面安装连接板和钢爪，玻璃开孔后与钢爪（四角支架）用特殊螺栓连接的幕墙形式，如图 3-23 所示。钢桁架点式连接玻璃幕墙是指在金属桁架上安装钢爪，在面板玻璃的四角打孔，钢爪上的特殊螺栓穿过玻璃孔，紧固后将玻璃固定在钢爪上形成幕墙，如图 3-24 所示。

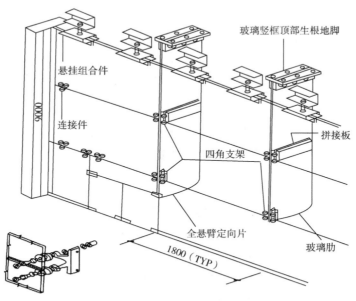

图 3-23 玻璃肋点式连接玻璃幕墙示意图

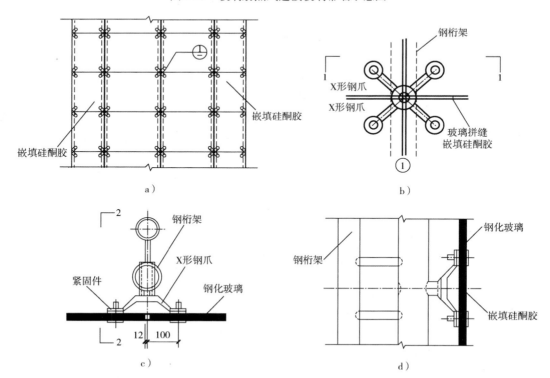

a）   b）

c）   d）

图 3-24 钢桁架点式连接玻璃幕墙示意图

a）立面图 b）1—1 剖面图 c）2—2 剖面图 d）节点立面图

拉索式点式连接玻璃幕墙是指将玻璃面板用钢爪固定在索桁架上的玻璃幕墙，由玻璃面板、索桁架和支撑结构组成，如图 3-25 所示。索桁架悬挂在支撑结构上，它由按一定规律布置的预应力索具及连系杆等组成。索桁架起着形成幕墙支撑系统、承受面板玻璃荷载并传递至支撑结构上的作用。拉索式点式连接玻璃幕墙的施工与其他玻璃幕墙不同，需要施加预应力，其工艺流程为：测设轴线及标高→支撑结构安装→索桁架安装→索桁架张拉→玻璃幕墙安装→安装质量控制→幕墙竣工验收。

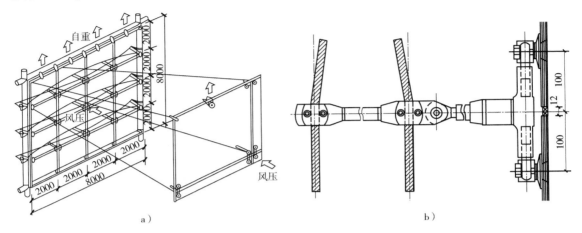

图 3-25　拉索式点式连接玻璃幕墙示意图
a）立面图　b）索系与玻璃连接图

1）测设轴线及标高。按照幕墙设计轴线及标高，安装前应分别测定屋面、楼板及支撑钢梁、水平基础梁、各楼层钢索水平撑杆的轴线及标高，从而形成三维立体的幕墙安装控制网，满足相关定位要求。

2）支撑结构安装。在主体结构上安装悬挑梁或在主梁上安装张拉附梁。在梁上设计位置安装悬挂钢索的锚墩，根据钢索的空间位置计算出各种角度后，与钢梁焊接成一个整体。在支撑结构安装过程中，应特别注意主梁在幕墙自重、钢索预应力等作用下的挠度，其值必须符合设计的规定。

3）桁架地锚安装。在地锚的预埋件上用螺栓固定厚度为 20mm 的不锈钢底板，然后将筋板焊于底板上，形成倒 T 形的连接件。

4）钢索体系安装。

① 根据钢索的设计长度及预应力作用下的延伸长度，准确计算出钢索的实际下料长度。

② 在地面上按图样设计要求，仔细组装单榀索桁架，并初步固定连系杆。

③ 按施工图要求制作索桁架的上、下索头，为进行整个桁架的安装打下良好基础。索桁架组成如图 3-26 所示。

④ 将制作好的上索头固定在索桁架锚墩上并确保固定牢靠。

⑤ 用设计规定的千斤顶在地面上张拉钢索，并将下索头与地锚筋板采用开口销进行固定。

⑥ 按设计顺序依次安装幕墙里面的全部索桁架，为幕墙面板的安装做好准备。

⑦ 按设计要求穿上水平索，并按设计位置调整连系杆的水平位置，调整合格后进行固定。

⑧ 在桁架的设计位置安装钢爪，使十字钢爪的臂与水平方向呈 45°，H 形钢爪的主爪臂与水平方向呈 90°。

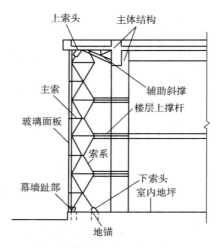

图 3-26　索桁架组成示意图

5）幕墙玻璃安装。首先按照设计位置和尺寸将玻璃进行编号，然后按编号自上而下安装玻璃。玻璃拼装宽度应顺直、适宜，高低差应符合要求。用连接件与钢爪固定连接，最后清理拼缝并进行注浆。

6）立面墙趾安装。玻璃幕墙的墙趾是指将不锈钢 U 形地槽用铆钉固定在地梁预埋件上，地槽内按一定间距设有经过防腐处理的垫块。当玻璃幕墙就位并调整其位置使之完全符合要求后，再在地槽两侧嵌入泡沫塑料棒并注满硅酮密封胶，最后在墙趾表面安装相应的装饰面板。

第三节　装饰装修工程施工组织设计

一、施工组织设计概述

1. 施工组织设计的概念

施工组织设计是以施工项目为编制对象，以规划和指导拟建工程工程投标、签订合同、施工准备到竣工验收全过程的技术、管理、经济的全局性文件。

2. 施工组织设计的作用

施工组织设计的作用如图 3-27 所示。

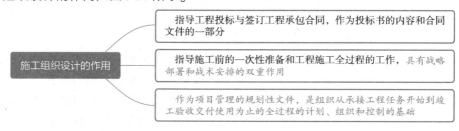

图 3-27　施工组织设计的作用

3. 施工组织设计的分类

施工组织设计的分类如图 3-28 所示。

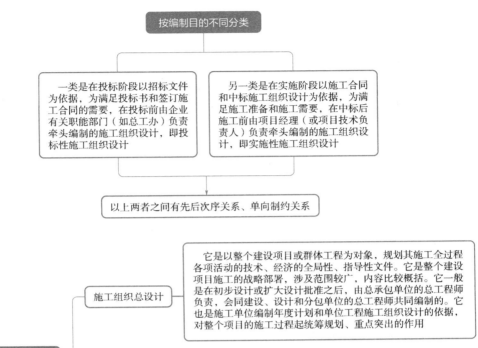

按编制目的不同分类

一类是在投标阶段以招标文件为依据，为满足投标书和签订施工合同的需要，在投标前由企业有关职能部门（如总工办）负责牵头编制的施工组织设计，即投标性施工组织设计

另一类是在实施阶段以施工合同和中标施工组织设计为依据，为满足施工准备和施工需要，在中标后施工前由项目经理（或项目技术负责人）负责牵头编制的施工组织设计，即实施性施工组织设计

以上两者之间有先后次序关系、单向制约关系

按编制对象范围不同分类

施工组织总设计

它是以整个建设项目或群体工程为对象，规划其施工全过程各项活动的技术、经济的全局性、指导性文件。它是整个建设项目施工的战略部署，涉及范围较广，内容比较概括。它一般是在初步设计或扩大设计批准之后，由总承包单位的总工程师负责，会同建设、设计和分包单位的总工程师共同编制的。它也是施工单位编制年度计划和单位工程施工组织设计的依据，对整个项目的施工过程起统筹规划、重点突出的作用

单位（单项）工程施工组织设计

它是以单位（单项）工程为对象编制的，是用以直接指导单位（单项）工程施工全过程各项活动的技术、经济的局部性、指导性文件，是施工组织总设计的具体化。它在施工组织总设计的指导下，具体地安排人力、物力和实施工程，是施工单位编制月旬作业计划的基础性文件，是拟建工程施工的战术安排。它是在施工图设计完成后，以施工图为依据，由工程项目的项目经理或主管工程师负责编制的，对单位工程的施工过程起指导和约束作用

按使用时间的不同分类

它一般是以工程规模大、技术复杂或施工难度大的建（构）筑物，或采用新工艺、新技术的施工部分，或冬（雨）期施工等为对象编制，是专门的、更为详细的专业工程设计文件。一般在编制单位（单项）工程施工组织设计之后，由单位工程的技术人员负责编制，用以具体实施其分部（分项）工程施工全过程的各项技术、经济和组织的综合性文件，其设计应突出作业性，用以具体指导其施工过程

对于大型工程项目，施工组织设计的编制往往是随着项目设计的深入而编制不同广度、深度和作用的施工组织设计。当项目按三阶段设计时，在初步设计完成后，可编制施工组织设计大纲（施工组织条件设计）；技术设计完成后，可编制施工组织总设计；在施工图设计完成后，可编制单位工程施工组织设计。当项目按两阶段设计时，对应于初步设计和施工图设计，应分别编制施工组织总设计和单位工程施工组织设计

图 3-28　施工组织设计的分类

4. 施工组织设计的编制原则

施工组织设计的编制原则如图 3-29 所示。

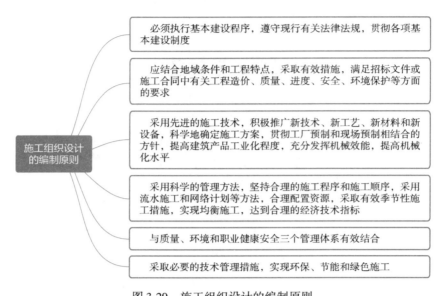

图 3-29　施工组织设计的编制原则

二、施工组织总设计

1. 施工组织总设计的编制依据

施工组织总设计的编制依据如图 3-30 所示。

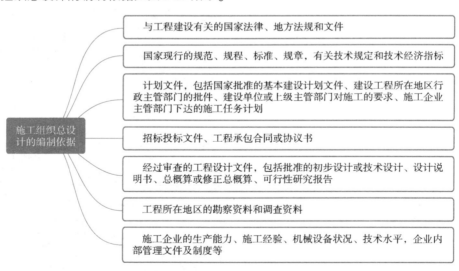

图 3-30　施工组织总设计的编制依据

2. 施工组织总设计的主要内容

（1）工程概况及特点分析

1）项目名称、性质、规模、建设地点、结构类型、建筑面积、期限要求、总投资；安装工程量、工厂区和生活区的工作量；设备安装及其型号、数量；生产流程和工艺特点；新技术、新材料和复杂程序的应用情况及其他专业设计概况。

2）上级对施工企业的要求，企业的施工能力、技术装备水平、管理水平和完成各项经济指标的情况等。

3）项目的建设、设计和监理等相关单位的情况。

4）建设地区的施工条件，包括自然条件和技术经济条件。

（2）施工组织总设计施工部署

1）对项目总体施工做出部署。首先要确定工程项目实施总目标；根据工程项目实施总目标的要求，确定项目分期分批施工的合理程序；确定单位工程开竣工时间；确定项目独立或部分交付的工作计划；划分项目施工任务。

2）明确施工任务划分及组织安排。根据工程施工的总目标，确定施工管理组织的目标，建立有效的组织机构和管理模式，制订切实可行的计划；划分各施工单位的工程任务，明确各承包单位之间的关系，建立施工现场统一的组织领导机构及职能部门，明确各单位之间的分工协作关系，划分施工阶段，确定各单位分期分批的主攻项目和穿插项目，提出质量、工期、成本等控制性目标及要求。

3）编制施工准备工作计划。根据施工开展程序和主要工程项目方案，编制好施工项目全场性的施工准备工作计划。其主要内容包括技术准备计划、物资准备计划、现场准备计划、人力资源准备计划、资金准备计划。

4）总体施工方案的拟订。施工组织总设计中要拟订一些主要工程项目的施工方案。这些项目通常是建设项目中工程量大、施工难度大、工期长，对整个建设项目的建成起关键性作用的建筑物（或构筑物），以及全场范围内工程量大、影响全局的特殊分项工程。其目的是为了进行技术和资源的准备工作，同时也为了施工的顺利开展和现场的合理布置。其内容包括确定工程量、施工方法、施工工艺流程、施工机械设备等。施工方法的确定要兼顾技术的先进性和经济上的合理性；施工工艺流程要求兼顾各工种各施工段的合理搭接；对施工机械的选择，应使主导机械的性能既能满足工程的需要，又能发挥其效能，在各个工程上能够实现综合流水作业，减少其拆、装、运的次数，辅助配套机械的性能应与主导机械相适应，以充分发挥主导机械的工作效率。其中，施工方法和施工机械设备应重点组织安排。

5）确定工程开展程序。根据建设项目总目标的要求，确定合理的工程建设分期分批开展的程序。在确定施工开展程序时，主要应考虑的问题如图3-31所示。

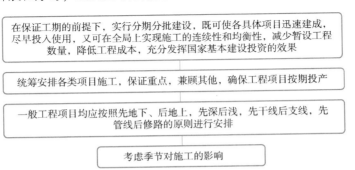

图3-31　在确定工程开展程序时应考虑的问题

（3）施工总进度计划　编制施工总进度计划的基本要求：保证拟建工程在规定的期限内完成；迅速发挥投资效益；保证施工的连续性和均衡性；节约施工费用。

编制施工总进度计划时，应根据施工部署中建设工程分期分批投产顺序，将每个交工系统的各项工程分别列出，在控制的期限内进行各项工程的具体安排。在建设项目的规模不太大，各交工系统工程项目不是很多时，也可不按分期分批投产顺序安排，而是直接安排总进度计划。编制施工总进度计划的具体步骤如图3-32所示。

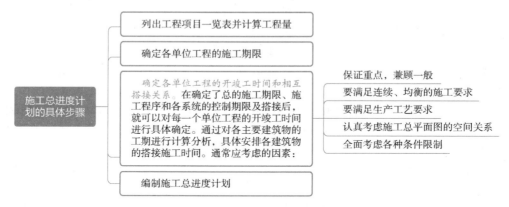

图 3-32　施工总进度计划的具体步骤

（4）资源需要量计划

1）综合劳动力需要量计划。劳动力需要量计划是组织工人进场的主要依据，主要用于调配劳动力、安排生活福利设施。综合劳动力需要量计划中应包括下列内容：施工阶段（期）的划分；各施工阶段（期）总劳动量；各施工阶段（期）所需专业工种名称；按照项目施工总进度计划确定各施工阶段（期）劳动力需要量计划。其编制方法是将总进度表内所列各施工项目每月（或每季度、每年）所需施工人数按工种进行汇总，即为所需的每月（或每季度、每年）各工种人数。

2）主要材料、构件及半成品需要量计划。应包括下列内容：施工阶段（期）的划分；各施工阶段（期）所需主要工程材料、设备名称和种类；按照项目施工总进度计划确定各施工阶段（期）主要工程材料、设备需要量计划。其编制方法是根据各工种工程量汇总表所列各建筑物的工程量，查概算指标得出各建筑物所需的主要材料、构件和半成品的需要量；然后根据总进度计划表，大致估计出某些材料在某季度的需要量，编制出主要材料、构件和半成品的需要量计划。

3）主要施工机械需要量计划。应包括下列内容：施工阶段（期）的划分；各施工阶段（期）所需主要施工机械名称、型号和功率；按照项目施工总进度计划确定各施工阶段（期）主要施工机械需要量计划。其编制方法是根据施工部署、施工方案和主要项目施工方法中确定的施工机械（如挖土机、起重机等）的类型、数量、进场时间，确定施工机械需要量。一般是把施工总进度计划表中每一个施工项目，每天所需要的机械类型、数量和施工日期进行汇总，即可得出施工机械需要量计划。

4）资金需要量计划。项目实施以前，只有对所需的资金做出初步估计，才能对资金筹措与使用做出合理规划，平衡资金的供求关系，减少筹资成本，提高资金使用效益。其内容主要包括：预测项目的现金流入量；预测项目的现金流出量；确定各时期现金的不足或多余。

（5）施工总平面图设计

1）施工总平面图设计的内容如图3-33所示。

2）施工总平面图设计的原则如图3-34所示。

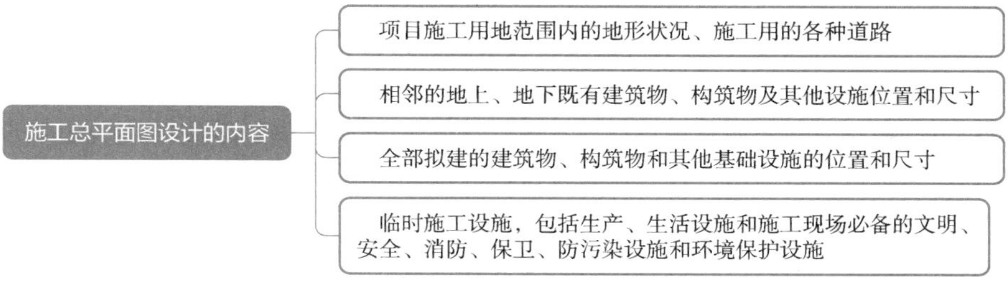

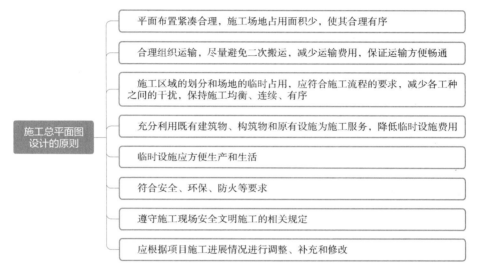

图 3-33　施工总平面图设计的内容

图 3-34　施工总平面图设计的原则

3）施工总平面图设计的依据如图 3-35 所示。

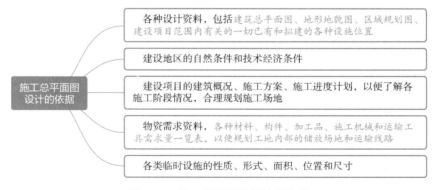

图 3-35　施工总平面图设计的依据

4）施工总平面图的设计要点。

① 场外交通的引入。设计全工地性施工总平面图时，首先应从研究大宗材料、成品、半成品、设备等进入工地的运输方式入手。当大批材料由水路运来时，应首先考虑原有码头的运用和是否增设专用码头问题；当大批材料由公路运入工地时，由于汽车线路可以灵活布置，因此，一

般先布置场内仓库和加工厂，然后再布置场外交通的引入。

② 仓库与材料堆场的布置。通常考虑设置在运输方便、位置适中、运距较短并且安全防火的地方，并区别不同材料、设备和运输方式来设置。

当采取铁路运输时，仓库通常沿铁路线布置，并且要留有足够的装卸前线。如果没有足够的装卸前线，必须在附近设置转运仓库。布置铁路沿线仓库时，应将仓库设置在靠近工地一侧，以免内部运输跨越铁路；同时，仓库不宜设置在弯道外或坡道上。

当采用水路运输时，一般应在码头附近设置转运仓库，以缩短船只在码头上的停留时间。

当采用公路运输时，仓库的布置较灵活。一般中心仓库布置在工地中央或靠近使用的地方，也可以布置在靠近于外部交通的连接处。砂、石、水泥、石灰、木材等仓库或堆场宜布置在搅拌站、预制场和木材加工厂附近；砖、瓦和预制构件等直接使用的材料应该直接布置在施工对象附近，以免二次搬运。工业项目建筑工地还应考虑主要设备的仓库（或堆场），一般笨重设备应尽量放在车间附近，其他设备仓库可布置在外围或其他空地上。

③ 加工厂布置。各种加工厂的布置，应以方便使用、安全防火、运输费用最少、不影响装饰装修安装工程施工的正常进行为原则。一般应将加工厂集中布置在同一个地区，且多处于工地边缘。各种加工厂应与相应的仓库或材料堆场布置在同一地区。

木材加工厂，要视木材加工的工作量、加工性质和种类决定是集中设置还是分散设置几个临时加工棚。一般原木、锯木堆场布置在铁路专用线、公路或水路沿线附近；木材加工厂也应设置在这些地段附近；锯木、成材、细木加工和成品堆放，应按工艺流程布置。

砂浆搅拌站，对于工业建筑工地而言，由于砂浆量小、分散，可以分散设置在使用地点附近。

金属结构、锻工、电焊和机修等车间，由于它们在生产上联系密切，应尽可能布置在一起。

④ 布置内部运输道路。根据各加工厂、仓库及各施工对象的相应位置，确定货物转运图，区分主要道路和次要道路，进行道路的规划。规划厂区内道路时，应考虑：合理规划临时道路与地下管网的施工程序；保证运输通畅；选择合理的路面结构。

⑤ 行政与生活临时设施布置。行政与生活临时设施包括办公室、汽车库、职工休息室、开水房、小卖部、食堂、俱乐部和浴室等。要根据工地施工人数计算这些临时设施和建筑面积，应尽量利用建设单位的生活基地或其他永久建筑，不足部分另行建造。

一般全工地行政管理用房宜在全工地入口处，以便对外联系；也可以在工地中间，便于全工地管理。工人用的福利设施应设置在工人较集中的地方，或工人必经之处。生活基地应设在场外，距工地500~1000m为宜。食堂可布置在工地内部或工地与生活区之间。

⑥ 临时水电管网及其他动力设施的布置。当有可以利用的水源、电源时，可以将水电从外面接入工地，沿主要干道布置干管、主线，然后与各用户接通。临时总变电站应设置在高压电引入处，不应放在工地中心；临时水池应放在地势较高处。

当无法利用现有水电时，为了获得电源，应在工地中心或工地中心附近设置临时发电设备，并沿干道布置主线；为了获得水源，可以利用地表水或地下水，并设置抽水设备和加压设备（简易水塔或加压泵），以便储水和提高水压；然后从水管接出，布置管网。施工现场供水管网有环状、枝状和混合式三种形式。

根据工程防火要求，应设立消防站，一般设置在易燃建筑物（木材、仓库等）附近，并设有通畅的出口和消防车道，其宽度不宜小于6m，与拟建房屋的距离不得大于25m，也不得小于5m；沿道路布置消火栓时，其间距不得大于100m，消火栓到路边的距离不得大于2m。

上述布置应采用标准图例绘制在总平面图上，比例一般设置为1∶1000或1∶2000。应该指出，上述各设计步骤不是截然分开各自孤立进行的，而是互相联系、互相制约的，需要综合考虑、反复修正才能确定下来。当有几种方案时，还应进行方案比较。

（6）施工总平面图的科学管理

1）建立统一的施工总平面图管理制度。划分总平面图的使用管理范围，做到责任到人，严格控制材料、构件、机具等物资占用的位置、时间和面积，不准乱堆乱放。

2）对水源、电源、交通等公共项目实行统一管理。不得随意挖路断道，不得擅自拆迁建筑物和水电线路。当工程需要断水、断电、断路时要申请，经批准后方可着手进行。

3）对施工总平面布置实行动态管理。在布置中，由于特殊情况或事先未预测到的情况需要变更原方案时，应根据现场实际情况，统一协调，修正其不合理的地方。

4）做好现场的清理和维护工作，经常性检修各种临时性设施，明确负责部门和人员。

三、单位工程施工组织设计

1. 单位工程施工组织设计的编制依据及要求

单位工程施工组织设计的编制依据及要求如图 3-36 所示。

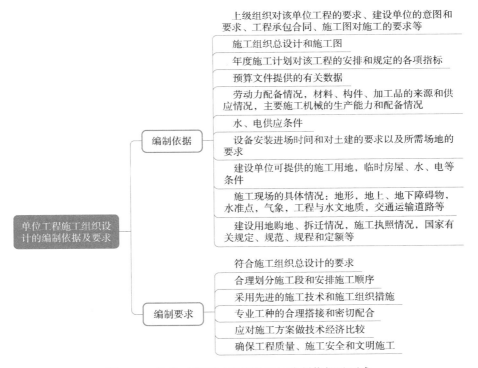

图 3-36　单位工程施工组织设计的编制依据及要求

2. 单位工程施工组织设计的主要内容

（1）工程概况

1）工程建设概况。主要介绍：工程名称、性质、用途、地理位置、资金来源、工程造价（投资额）、开竣工日期；工程建设、设计、监理等相关单位的情况；工程的承包范围；施工图情况（是否出齐、会审），施工合同是否签订，主管部门的有关文件或要求；工期、质量、安全、环境保护等要求。

2）工程施工概况如图3-37所示。

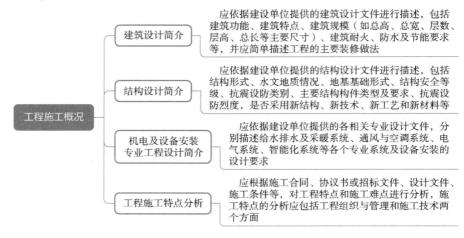

图 3-37 工程施工概况

3）施工条件及分析如图3-38所示。

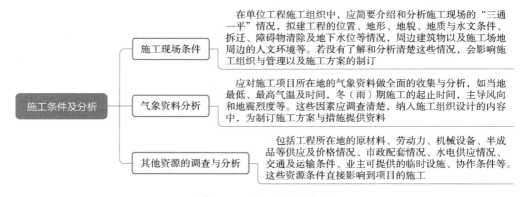

图 3-38 施工条件及分析

（2）施工方案 施工方案的设计是单位工程施工组织设计的核心内容，是指导施工的重要依据，也是单位工程设计中带有决策性的环节。施工方案是否恰当合理，将关系到单位工程的施工效益、施工质量、施工工期和技术经济效果，因此必须引起足够的重视。

1）确定施工起点流向和施工顺序。

① 施工起点流向的确定。施工起点流向是指单位工程在平面上或空间上施工开始的部位及开展方向。它主要解决施工项目在空间上施工顺序合理的问题。

② 确定施工顺序。施工顺序是指分部工程、专业工程和施工阶段的先后施工关系。确定施工顺序时既要考虑工艺顺序，又要考虑组织关系。工艺顺序是客观规律的反映，既不可颠倒，也不能超越。组织关系是人为的制约关系，可以调整优化。施工顺序的确定是为了按照施工的客观规律组织施工，在保证质量与安全施工顺序的前提下充分利用空间，争取时间，实现缩短工期的目的。施工顺序合理与否，将直接影响工种间配合、工程质量、施工安全、工程成本和施工速度。

2）施工段的划分。划分施工段的目的是适应流水施工的要求，将单一而庞大的工程实体划分成多个部分，以形成"假定产品批量"。划分施工段应考虑的几点要求，如图3-39所示。

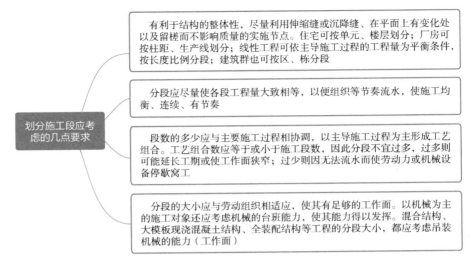

图3-39　划分施工段应考虑的几点要求

3）施工方法和施工机械的选择。由于施工产品的多样性、地区性和施工条件的不同，施工机械和施工方法的选择也是多种多样的。施工机械和施工方法的选择应当统一协调，相应的施工方法要求选用相应的施工机械，不同的施工机械适用于不同的施工方法。选择时，要根据工程的结构特征、抗震要求、工程量大小、工期长短、特质供应条件、场地四周环境等因素，拟订可行性方案，进行优选后再决策。具体应注意以下几点：

①考虑施工方法的选择时，应着重于影响整个工程施工的分部（分项）工程的方法。主要是选择工程量大且在单位工程中占有重要地位的分部（分项）工程，施工技术复杂或采用新技术、新工艺以及对工程质量起关键作用的分部（分项）工程，不熟悉的特殊结构工程或由专业施工单位施工的特殊专业工程的施工方法。对于按照常规做法和工人熟知的分项工程，则不予详细拟订，只要提出应注意的一些特殊问题即可。通常，施工方法选择的内容有：土石方工程、混凝土及钢筋混凝土工程、结构吊装工程、现场垂直与水平运输、特殊项目等。其中，特殊项目包括"四新"（新材料、新设备、新工艺、新技术）、高耸、大跨、重构件、水下、深基、较弱地基等项目。

②施工机械的选择应遵循切合需要、实际可能、经济合理的原则。选择施工机械时，首先应选择主导工程的机械，根据工程特点决定其最适宜的类型。

为了充分发挥主导机械的效率，应相应选择好与其配套的辅助机械或运输工具，以使其生产能力协调一致，充分发挥主导机械的效率。

此外，还应力求施工机械的种类和型号尽可能少，实现一机多用及综合利用，以利于机械管理和降低成本。尽量选用施工单位的现有机械，以减少施工的投资额，提高现有机械的利用率，降低成本。当现有施工机械不能满足工程需要时，则购置或租赁所需新型机械。

4）技术组织措施的设计。技术组织措施是指在技术、组织方面对保证质量、安全、节约和季节性施工所采用的方法。技术组织措施的制订是在严格执行施工验收规范、检验标准、操作规程的前提下，针对工程施工特点的不同，区别对待，从而制订出相应的措施。这些措施包括：

①保证质量措施。保证质量的关键是对施工组织设计的工程对象经常发生的质量通病制订防

治措施，措施应具有针对性，具体明确，切实可行并确定专人负责。要从全面质量管理的角度，建立质量体系，保证"PDCA循环"（计划→执行→检查→处理）的正常运转。

②安全施工措施。应贯彻安全操作规程，对施工中可能发生安全问题的环节进行预测，提出预防措施。

③降低成本措施。降低成本措施的制订应以施工预算为尺度，以企业（或基层施工单位）年度、季度降低成本计划和技术组织措施计划为依据进行编制。要针对工程施工中降低成本潜力大的（工程量大、有采取措施的可能性、有条件的）项目，提出措施，并计算出经济效果和指标，加以评价、决策。这些措施必须是不影响质量，能保证施工，而且保证安全的。降低成本措施应包括节约劳动力、节约材料、节约机械设备费用、节约工具费、节约间接费、节约临时设施费、节约资金等措施。一定要正确处理降低成本、提高质量和缩短工期三者的关系，对措施要计算经济效果。

④季节性施工措施。当工程施工跨越冬季和雨季时，就要制订冬期施工措施和雨期施工措施。制订这些措施的目的是保质量、保安全、保工期、保节约。

雨期施工措施要根据工程所在地的雨量、雨期及施工工程的特点（如深基础、大量土方、使用的设备、施工设施、工程部位等）进行制订。要在防淋、防潮、防泡、防淹、防拖延工期等方面，分别采用疏导、堵挡、遮盖、排水、防雷、合理储存、改变施工顺序、避雨施工、加固防陷等措施。

冬季因为气温、降雪量不同，工程部位及施工内容不同，施工单位的条件不同，应采用不同的冬期施工措施，以达到保温、防冻、改善操作环境、保证质量、控制工期、安全施工、减少浪费的目的。

⑤防止环境污染的措施。为了保护环境，防止污染，尤其是防止在城市施工中造成污染，在编制施工方案时应提出防止污染的措施。主要应对以下方面提出措施：防止施工废水污染的措施、防止施工气体污染的措施、防止施工粉尘污染的措施、防止垃圾固体废弃物污染的措施、防止施工噪声污染的措施等。为了防止污染，必须遵守施工现场及环境保护的有关规定，设计出防止环境污染的有效办法，列入施工组织措施中，并遵照执行。

（3）施工进度计划的编制　施工进度计划是以施工方案为基础，根据规定工期和各类资源的供应条件，遵循各施工过程合理的工艺顺序，统筹安排各项施工活动。其任务是为各施工过程指明一个确定的施工日期，并以此为依据确定施工作业所必需的各种资源供应计划。施工进度计划通常采用横道图或网络图表达。

1）施工进度计划的编制依据。单位工程施工进度计划的编制依据如图3-40所示。

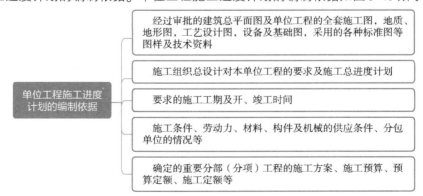

图3-40　单位工程施工进度计划的编制依据

2）施工进度计划编制步骤如图 3-41 所示。

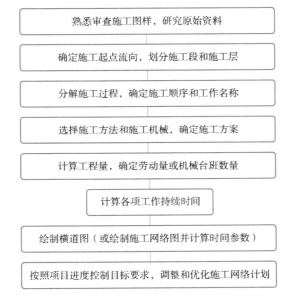

熟悉审查施工图样，研究原始资料

确定施工起点流向，划分施工段和施工层

分解施工过程，确定施工顺序和工作名称

选择施工方法和施工机械，确定施工方案

计算工程量，确定劳动量或机械台班数量

计算各项工作持续时间

绘制横道图（或绘制施工网络图并计算时间参数）

按照项目进度控制目标要求，调整和优化施工网络计划

图 3-41　施工进度计划编制步骤

3）划分施工项目。施工项目的划分是包括一定工作内容的施工过程，是施工进度计划的基本组成单元。项目内容的多少，划分的粗细程度，应该根据计划的客观作用来决定。总体来说，对于控制性施工进度计划，项目可以划分得粗一些，通常只列出分部工程名称；对于实施性施工进度计划，项目划分要细一些。一般而言，单位工程进度计划的项目应明确到分项工程或更具体，以满足指导施工作业的要求。通常划分项目应按顺序列成表格、编排序号、查对是否遗漏或重复。凡是与工程对象施工直接有关的内容均应列入，非直接施工的辅助性项目和服务性项目则不必列入。在划分施工项目时还应注意：项目划分要结合所选择的施工方案；要适当简化施工进度计划内容，避免工程项目划分过细，重点不突出。

4）计算工程量。工程量计算应根据施工图和工程量计算规则进行。如果工程项目划分与施工图预算一致，则可采用施工图预算的工程量数据，工程量计算要与所采用的施工方法一致，其计算单位要与所采用的定额单位一致。

5）确定劳动量和机械台数。根据各分部（分项）工程的工程量、施工方法和现行的劳动定额，结合施工单位的实际情况，计算各分部（分项）工程的劳动量。

6）确定各施工过程的持续时间。项目的持续时间一般按正常情况确定。待编制出初始计划并经过计算后再结合实际情况做出必要的调整。一般按照实际施工条件估算项目的持续时间。具体计算方法有以下两种：

① 经验估计法。即根据过去的施工经验进行估计，这种方法多适用于采用新工艺、新方法、新材料等无定额可循的工程。在经验估计法中，有时为了简化其准备程序，往往采用"三时估计法"，即先估计出该项目的最长、最短和最可能的三种持续时间，然后据以求出期望的持续时间作为该项目的持续时间。

② 采用定额计算法。其计算公式为

$$T = \frac{Q}{RS} = \frac{P}{R}$$

式中　T——项目持续时间，按进度计划的粗细，可采用小时、日或周；

　　　Q——项目的工程量，可以用实物量单位表示；

　　　R——拟配备的人力或机械的数量，以人数或台数表示；

　　　S——产量定额，即单位工日或台班完成的工程量；

　　　P——劳动量（工日）或机械台班量（台班）。

上述公式中，T是根据配备的人力或机械决定项目的持续时间，即先定R后求T，但有时根据组织需要（如流水施工时），要先定T后求R。

7）确定施工顺序。施工顺序是在施工方案中确定的施工流向和施工程序的基础上，按照所选施工方法和施工机械的要求确定的。通常在施工进度计划编制时确定施工顺序。

确定施工顺序是为了按照施工的技术规律和合理的组织关系，解决各项目之间在时间上的先后和搭接问题，以期做到保证质量、安全施工、充分利用空间、争取时间、实现合理工期的目的。

一般来说，施工顺序受工艺和组织两方面的制约。当施工方案确定后，项目之间的工艺顺序也就随之确定了，如果违背这种关系，将不可能施工，或者导致出现质量、安全事故，或者造成返工浪费。

由于劳动力、机械、材料和构件等资源的组织和安排需要而形成的各项目之间的先后顺序关系，称为组织关系。这种关系不是由工程本身决定的，而是人为的。组织方式不同，组织关系也就不同，并且不是一成不变的。不同的组织关系产生不同的经济效果，所以组织关系不但可以调整，而且应该按规律、按管理需要与管理水平进行优化，并将工艺关系和组织关系有机地结合起来，形成项目之间的合理顺序关系。

不同专业的工程，同一专业的不同工程，其施工顺序各不相同。因此，设计施工顺序时，必须根据工程的特点、技术上和组织上的要求以及施工方案等进行研究，既要考虑施工顺序具有单件性的特点，又要考虑施工顺序的共性特点。

8）组织流水作业并绘制施工进度计划图。

① 首先应选择进度图的形式。其形式主要包括横道图计划、双代号网络计划、单代号网络计划、时标网络计划。

② 安排计划时应先安排各分部工程的计划，然后再组织成单位工程施工进度计划。

③ 安排各分部工程施工进度计划应首先确定主导施工过程，并以它为主导，组织等节奏或异节奏流水施工，从而组织单位工程的分别流水施工。一般而言，同一性质的主导分项工程尽可能连续施工；非同一性质的穿插分项工程，要最大限度地搭接起来；计划工期要满足合同工期要求，要满足均衡施工要求，要充分发挥主导机械和辅助机械生产效率。

④ 检查与调整施工进度的初始方案，目的是满足工期目标要求。检查的内容一般包括检查施工过程的施工顺序以及平行、搭接和技术间歇等是否合理；初始方案的总工期是否满足规定工期；主要工种工人是否连续均衡施工，施工机械是否充分发挥作用；各种资源的利用是否均衡、充分且数量少。

调整的方法一般有：增加或缩短某些分项工程的施工时间；在施工顺序允许的情况下，将某些分项工程的施工时间前后移动；必要时还可以改变施工方法或施工组织措施。

⑤ 优化完成以后再绘制正式的单位工程施工进度计划图，付诸实施。

（4）资源需求计划的编制　施工进度计划确定之后，可根据各工序及持续期间所需资源编制出劳动力、材料、构件、半成品、施工机具、资源需要量计划，作为有关职能部门按计划调配的依据，以利于及时组织劳动力和物资的供应，确定工地临时设施，以保证施工顺利进行。

（5）单位工程施工平面图设计　单位工程施工平面图是按照工程特点和场地条件，按照一定的设计要求，将各项生产、生活设施及其他辅助设施进行平面规划和布置，用来指导单位工程施工的现场平面布置图，是施工方案在施工现场空间上的具体反映，是在施工现场布置施工机械、暂设工程设施的依据，也是实现施工现场有组织、有计划地进行文明施工的先决条件，是施工组织设计的重要组成部分。施工平面图有时按不同施工阶段分别绘制，绘制比例一般为 1：500～1：200。

1）单位工程施工平面图的设计内容如图 3-42 所示。

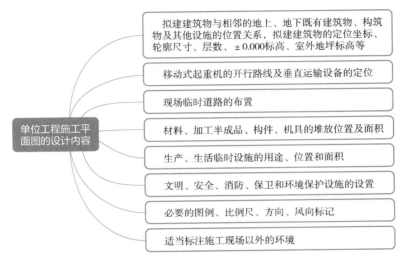

图 3-42　单位工程施工平面图的设计内容

2）单位工程施工平面图的设计原则如图 3-43 所示。

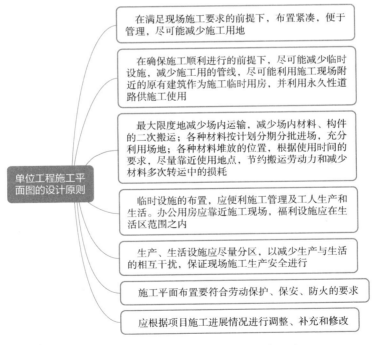

图 3-43　单位工程施工平面图的设计原则

3）单位工程施工平面图的设计依据。施工平面图应根据施工方案和施工进度计划的要求进行设计。设计人员必须在踏勘现场，取得施工环境第一手资料的基础上，认真研究以下有关资料：

① 施工组织总设计文件及有关的原始资料。

A. 自然条件调查资料：气象、地形、水文及工程地质资料。

B. 技术经济调查资料：交通运输、水源、电源、物质资源、生产和生活基地情况。

② 建筑设计资料：建筑总平面图包括一切地上、地下拟建和已建的房屋和构筑物，一切已有和拟建的地下、地上管线位置。

③ 施工资料。

A. 单位工程施工进度计划，可以了解各个施工阶段的情况，以便分阶段布置施工现场。

B. 施工方案。据此可确定垂直运输机械和其他施工机具的位置、数量和规划场地。

C. 各种材料、构件、半成品等需要量计划，以便确定仓库和堆场的面积、形式和位置。

4）单位工程施工平面图的设计步骤。合理的设计步骤有利于节约时间、减少矛盾。

单位工程施工平面图的设计步骤如图 3-44 所示。

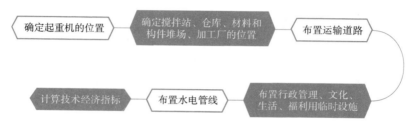

图 3-44 单位工程施工平面图的设计步骤

四、施工组织设计技术经济分析

1. 施工组织设计技术经济分析概述

1）施工组织设计技术经济分析的目的是对施工组织设计通过定性及定量的计算分析，论证所编制的施工组织设计在技术上是否可行、在经济上是否合理，从而选择满意的方案，寻求节约的途径，并反映在施工组织设计文件中，用以评价施工组织设计的技术经济效果，并作为今后总结、交流、考核的依据。

施工组织设计技术经济分析应借助技术经济指标对确定的施工方案、施工进度计划及施工平面图的技术经济效益进行全面的评价，从而衡量组织施工的水平。

2）施工组织设计技术经济分析的步骤如图 3-45 所示，共分为五个步骤。其中，决策是根据综合技术经济分析提出的。

图 3-45 施工组织设计技术经济分析的步骤

施工组织设计技术经济分析有助于在保证质量的前提下优化施工方案，并选择满足方案；对施工进度计划进行分析有助于优化进度与搭接关系、确定工期，并选择满意的施工进度计划；对施工平面图进行分析，是为了使施工平面图布置合理、方便使用，有利于节约、辅助决策；综合分析的目的在于通过分析各主要指标，评价施工组织设计的优劣，并为领导批准施工组织设计提供决策依据。

2. 施工组织总设计技术经济分析

施工组织总设计的技术经济分析以定性分析为主，定量分析为辅。分析应服从于施工组织总设计每项设计内容的决策，应避免忽视认真技术经济分析而盲目做出决定的倾向。进行定量分析时，常用的技术经济评价指标如下：

1）施工周期。施工周期是指建设项目从正式工程开工到全部投产使用为止的持续时间。应计算的相关指标有：施工准备期、部分投产期、单位工程工期。

2）劳动生产率。应计算的相关指标如下：

① 全员劳动生产率 [元/（人·年）]：

$$全员劳动生产率 = 报告期年度完成工作量/报告期年度全体职工平均人数$$

② 单位用工（工日/m²竣工面积）：

$$单位用工 = 完成该工程消耗的全部劳动工日数/工程总量$$

③ 劳动力不均衡系数：

$$劳动力不均衡系数 = 施工期高峰人数/施工期平均人数$$

3）单位工程质量优良率。

4）降低成本。

① 降低成本额：

$$降低成本额 = 全部承包成本 - 全部计划成本$$

② 降低成本率：

$$降低成本率 = (降低成本总额/承包成本总额) \times 100\%$$

5）安全指标。

$$工伤事故率 = (工伤事故人次数/本年职工平均人数) \times 100\%$$

6）机械指标。

① 施工机械化程度：

$$施工机械化程度 = (机械化施工完成工程量/总工程量) \times 100\%$$

② 施工机械完好率：

$$施工机械完好率 = (机械化施工完成台班数/计划内机械定额台班数) \times 100\%$$

③ 施工机械利用率：

$$施工机械利用率 = (计划内机械工作台班数/计划内机械定额台班数) \times 100\%$$

7）预制加工程度。

$$预制加工程度 = 预制加工所完成的工作量/总工作量$$

8）临时工程。

① 临时工程投资比例：

$$临时工程投资比例 = 全部临时工程投资/建筑安装工程总值$$

② 临时工程费用比例：

$$临时工程费用比例 = (临时工程投资 - 预计回收费 + 租用费)/建筑安装工程总值$$

9）节约材料百分率。

① 节约钢材百分率。

② 节约水泥百分率。

③ 节约其他材料百分率。

10）施工现场场地综合利用系数。

施工现场场地综合利用系数 = 临时设施及材料堆场占地面积/（施工现场占地面积 – 待建建筑物占地面积）

3. 单位工程施工组织设计技术经济分析

1）单位工程施工组织设计技术经济分析的基本要求如图 3-46 所示。

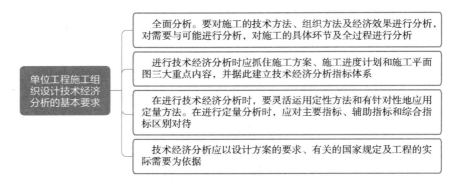

图 3-46　单位工程施工组织设计技术经济分析的基本要求

2）单位工程施工组织设计中技术经济指标应包括工期指标、劳动生产率指标、质量指标、安全指标、降低成本率、主要工程工种机械化程度、材料节约指标等。这些指标应在施工组织设计基本完成后进行计算，并反映在施工组织设计的文件中，作为考核的依据。指标体系应按图 3-47 建立和选用。

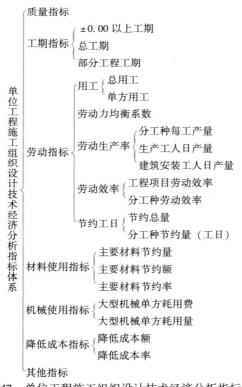

图 3-47　单位工程施工组织设计技术经济分析指标体系

3）主要指标的计算要求。

① 总工期指标。从破土动工至单位工程竣工的全部日历天数。

② 单方用工。它反映劳动的使用和消耗水平。不同建筑物的单方用工之间有可比性，其计算公式为

$$单项工程单方用工数 = 总用工数（工日）/建筑面积（m^2）$$

③ 质量优品率。这是在施工组织设计中确定的控制目标，主要通过保证质量措施实现，可分别对单位工程、分部工程和分项工程进行确定。

④ 主要材料节约指标。可分别计算主要材料节约量、主要材料节约金额或主要材料节约率。

$$主要材料节约量 = 技术组织措施节约量$$

或

$$主要材料节约量 = 预算用量 - 施工组织设计计划用量$$

$$主要材料节约率 = [主要材料节约金额（元）/主要材料预算金额（元）] \times 100\%$$

或

$$主要材料节约率 = （主要材料节约量/主要材料预算用量）\times 100\%$$

⑤ 大型机械耗用台班数及费用：

$$大型机械单方耗用台班数 = [耗用总台班（台班）/建筑面积（m^2）] \times 100\%$$

$$单方大型机械费 = [计划大型机械台班费（元）/建筑面积（m^2）] \times 100\%$$

4）单位工程施工组织设计技术经济分析指标的重点。技术经济分析应围绕质量、工期、成本三个主要方面进行。选用某一方案的原则是，在质量能达到优良的前提下，工期合理，成本节约。

对于单位工程施工组织设计的施工方案，不同的设计内容应有不同的技术经济分析重点指标。

① 基础工程应以土石方工程、现浇混凝土、打桩、排水和防水、运输进度与工期为重点。

② 结构工程应以垂直运输机械选择、流水段划分、劳动组织、现浇钢筋混凝土支模、浇灌及运输、脚手架选择、特殊分项工程施工方案、各项技术组织措施为重点。

③ 装修阶段应以施工顺序、质量保证措施、劳动组织、分工协作配合、节约材料、技术组织措施为重点。

④ 单位工程施工组织设计的综合技术经济分析指标应以工期、质量、成本、劳动力使用、场地占用和使用、材料节约、机械台班节约、"四新"（新材料、新设备、新工艺、新技术）的采用为重点。

一、图线要求

1）图线的宽度 b 应根据图样的复杂程度和比例，按现行国家标准《房屋建筑制图统一标准》（GB/T 50001—2017）中图线的有关规定选用。

2）总图制图应根据图样功能，按表 4-1 规定的线型选用。

表 4-1　线型选用

名称		线型	线宽	用途
实线	粗		b	1）新建建筑物 ±0.00 高度可见轮廓线 2）新建铁路、管线
	中		$0.7b$ $0.5b$	1）新建构筑物、道路、桥涵、边坡、围墙、运输设施的可见轮廓线 2）原有标准轨距铁路
	细		$0.25b$	1）新建建筑物 ±0.00 高度以上的可见建筑物、构筑物轮廓线 2）原有建筑物、构筑物、原有窄轨、铁路、道路、桥涵、围墙的可见轮廓线 3）新建人行道、排水沟、坐标线、尺寸线、等高线
虚线	粗		b	新建建筑物、构筑物地下轮廓线
	中		$0.5b$	计划预留扩建的建筑物、构筑物、铁路、道路、运输设施、管线、建筑红线及预留用地各线
	细		$0.25b$	原有建筑物、构筑物、管线的地下轮廓线
单点长画线	粗		b	露天矿开采界限
	中		$0.5b$	土方填挖区的零点线
	细		$0.25b$	分水线、中心线、对称线、定位轴线
双点长画线			b	用地红线
			$0.7b$	地下开采区塌落界限
			$0.5b$	建筑红线
折断线			$0.5b$	断线
不规则曲线			$0.5b$	新建人工水体轮廓线

二、比例要求

1）制图所选用的比例应根据图样的用途与被绘对象的复杂程度，从表 4-2 中选用，并应优先采用表中的常用比例。

表 4-2　制图比例选择

常用比例	1:1、1:2、1:5、1:10、1:20、1:30、1:50、1:100、1:150、1:200、1:500、1:1000、1:2000
可用比例	1:3、1:4、1:6、1:15、1:25、1:40、1:60、1:80、1:250、1:300、1:400、1:600、1:5000、1:10000、1:20000、1:50000、1:100000、1:200000

2）一般情况下，一个图样应选用一种比例。根据专业制图需要，同一图样可选用两种比例。

三、线条的种类和用途

线条的种类有定位轴线、剖切线、引出线等多种。

（1）定位轴线

1）定位轴线应用细单点长画线绘制。

2）定位轴线应编号，编号应注写在轴线端部的圆内。圆应用细实线绘制，直径为 8～10mm。定位轴线圆的圆心应在定位轴线的延长线上或延长线的折线上。

3）除较复杂需采用分区编号或圆形、折线形外，平面图上定位轴线的编号，宜标注在图样的下方或左侧。横向编号应用阿拉伯数字，从左至右顺序编写；竖向编号应用大写拉丁字母，从下至上顺序编写，如图 4-1 所示。

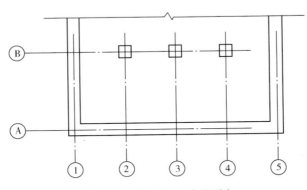

图 4-1　定位轴线的编号顺序

4）拉丁字母作为轴线号时，应全部采用大写字母，不应用同一个字母的大小写来区分轴线号。拉丁字母的 I、O、Z 不得用作轴线编号。当字母数量不够使用时，可增用双字母或单字母加数字注脚。

5）组合较复杂的平面图中定位轴线也可采用分区编号，如图 4-2 所示。编号的注写形式应为"分区号—该分区编号"。"分区号—该分区编号"采用阿拉伯数字或大写拉丁字母表示。

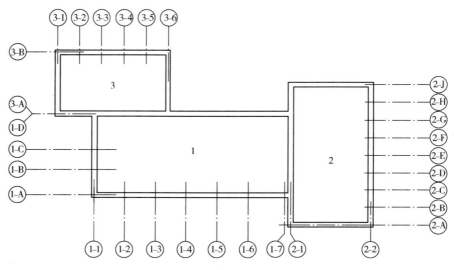

图 4-2　定位轴线的分区编号

6）附加定位轴线的编号，应以分数形式表示，并应符合下列规定：

① 两根轴线的附加轴线，应以分母表示前一轴线的编号，分子表示附加轴线的编号。编号宜用阿拉伯数字顺序编写。

② 1 号轴线或 A 号轴线之前的附加轴线的分母应以 01 或 0A 表示。

7）一个详图适用于几根轴线时，应同时注明各有关轴线的编号，如图 4-3 所示。

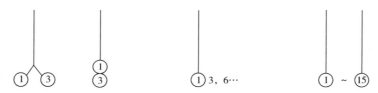

图 4-3　详图的轴线编号

8）通用详图中的定位轴线，应只画圆，不注写轴线编号。

9）圆形与弧形平面图中的定位轴线，其径向轴线应以角度进行定位，其编号宜用阿拉伯数字表示，从左下角或 −90°（若径向轴线很密，角度间隔很小）开始，按逆时针顺序编写；其环向轴线宜用大写拉丁字母表示，从外向内顺序编写，如图 4-4、图 4-5 所示。

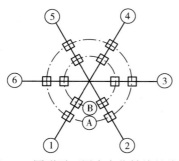

图 4-4　圆形平面图中定位轴线的编号

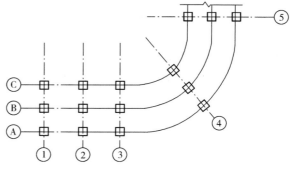

图 4-5　弧形平面图中定位轴线的编号

10）折线形平面图中定位轴线的编号编写如图4-6所示。

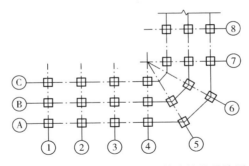

图4-6 折线形平面图中定位轴线的编号编写

（2）剖切线 剖切位置线的长度宜为6～10mm，剖视方向线应垂直于剖切位置线，长度应短于剖切位置线，宜为4～6mm，如图4-7所示；也可采用国际统一和常用的剖视方法，如图4-8所示。绘制时，剖视剖切符号不应与其他图线相接触。

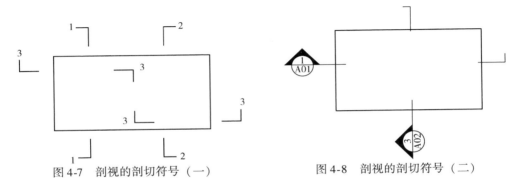

图4-7 剖视的剖切符号（一）　图4-8 剖视的剖切符号（二）

（3）引出线

1）引出线应以细实线绘制，宜采用水平方向的直线，与水平方向成30°、45°、60°、90°的直线，或经上述角度再折为水平线。文字说明宜注写在水平线的上方（图4-9a），也可注写在水平线的端部（图4-9b）。索引详图的引出线，应与水平直径线相连接（图4-9c）。

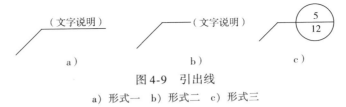

图4-9 引出线

a）形式一 b）形式二 c）形式三

2）同时引出的几个相同部分的引出线，宜互相平行（图4-10a），也可画成集中于一点的放射线（图4-10b）。

图4-10 共用引出线

a）平行型引出线表示 b）放射型引出线表示

3）多层构造或多层管道共用引出线，应通过被引出的各层，并用圆点示意对应各层次。文字说明宜注写在水平线的上方，或注写在水平线的端部，说明的内容顺序应由上至下，并应与被说明的层次对应一致；如层次为横向排序，则由上至下的说明顺序应与由左至右的层次对应一致，如图 4-11 所示。

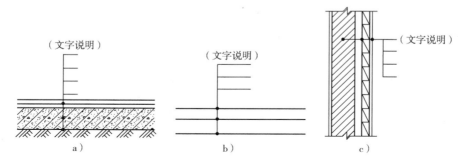

图 4-11　多层共用引出线

a）多层共用引出线类型一　b）多层共用引出线类型二　c）多层共用引出线类型三

四、标高

标高符号应以直角等腰三角形表示，按图 4-12a 所示形式用细实线绘制；当标注位置不够时，也可按图 4-12b 所示形式绘制。标高符号的具体画法应符合图 4-12c、d 的规定。

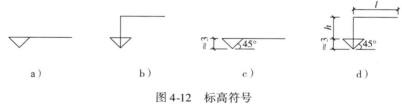

图 4-12　标高符号

a）样式一　b）样式二　c）样式三　d）样式四

总平面图室外地坪标高符号，宜用涂黑的三角形表示，具体画法应符合图 4-13 的规定。

标高符号的尖端应指至被注高度的位置。尖端可向下，也可向上。标高数字应注写在标高符号的上侧或下侧，如图 4-14 所示。

标高数字应以"m"为单位，注写到小数点后第三位。在总平面图中，可注写到小数点后第二位。

零点标高应注写成 ±0.000，正数标高不标注"＋"，负数标高应标注"－"，如 3.000、−0.600。

在图样的同一位置需表示几个不同标高时，标高数字可按图 4-15 的形式注写。

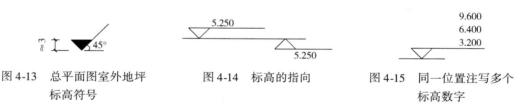

图 4-13　总平面图室外地坪　　图 4-14　标高的指向　　图 4-15　同一位置注写多个
标高符号　　　　　　　　　　　　　　　　　　　　　　标高数字

第二节　装饰装修工程施工图的组成和特点

一、装饰装修工程施工图的组成

装饰装修工程施工图的组成如图 4-16 所示。

装饰装修工程施工图的组成
装饰设计说明
平面布置图
楼地面平面图
天棚平面图
室内立面图
墙（柱）面装饰剖面图
装饰装修详图

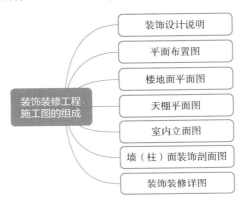

图 4-16　装饰装修工程施工图的组成

其中，装饰设计说明、平面布置图、楼地面平面图、天棚平面图、室内立面图为基本图样，用于表明装饰装修工程内容的基本要求和主要做法；墙（柱）面装饰剖面图、装饰装修详图为装饰装修工程施工的详细图样，用于表明细部尺寸、凹凸变化、工艺做法等。图样的编排依据上述顺序排列。

二、装饰装修工程施工图的特点

装饰装修工程施工图的特点如图 4-17 所示。

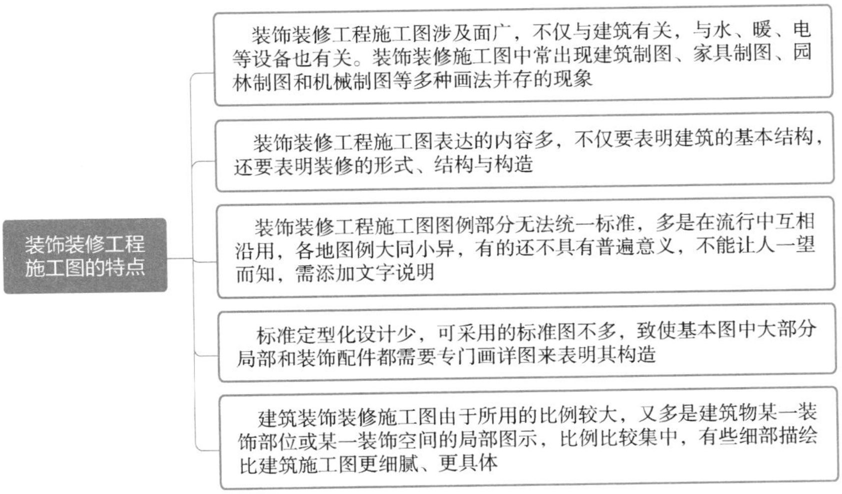

装饰装修工程施工图的特点
装饰装修工程施工图涉及面广，不仅与建筑有关，与水、暖、电等设备也有关。装饰装修施工图中常出现建筑制图、家具制图、园林制图和机械制图等多种画法并存的现象
装饰装修工程施工图表达的内容多，不仅要表明建筑的基本结构，还要表明装修的形式、结构与构造
装饰装修工程施工图图例部分无法统一标准，多是在流行中互相沿用，各地图例大同小异，有的还不具有普遍意义，不能让人一望而知，需添加文字说明
标准定型化设计少，可采用的标准图不多，致使基本图中大部分局部和装饰配件都需要专门画详图来表明其构造
建筑装饰装修施工图由于所用的比例较大，又多是建筑物某一装饰部位或某一装饰空间的局部图示，比例比较集中，有些细部描绘比建筑施工图更细腻、更具体

图 4-17　装饰装修工程施工图的特点

第三节　装饰装修工程施工图的识读方法

一、平面图

1. 装饰装修工程平面图

1）装饰装修工程平面图的基本内容如图4-18所示。

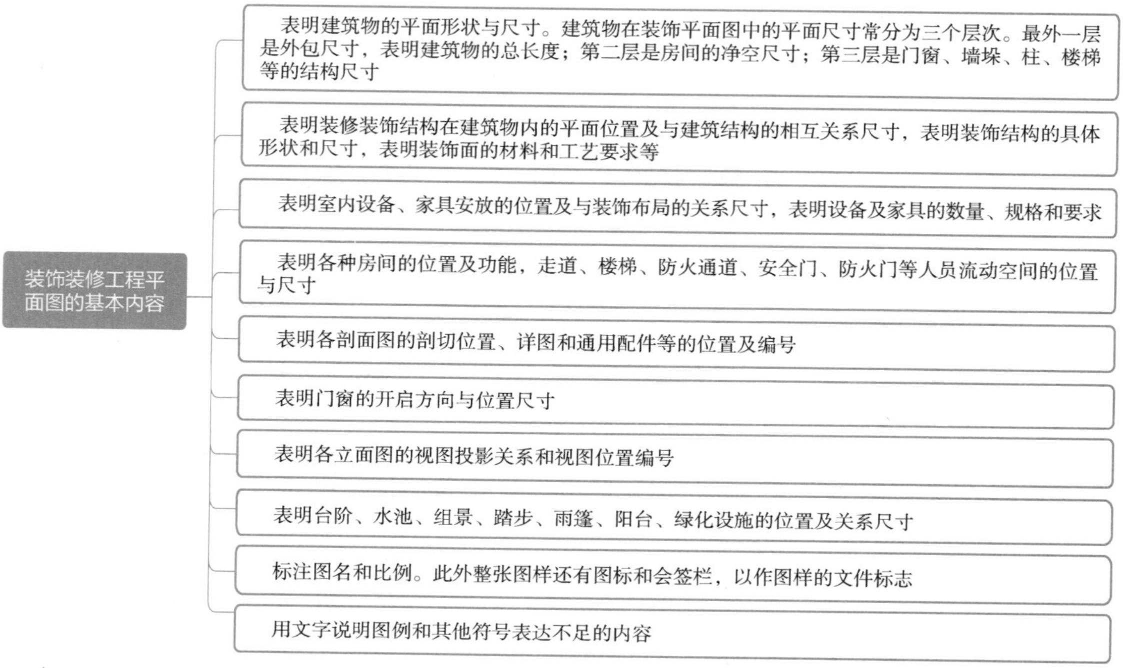

装饰装修工程平面图的基本内容

- 表明建筑物的平面形状与尺寸。建筑物在装饰平面图中的平面尺寸常分为三个层次。最外一层是外包尺寸，表明建筑物的总长度；第二层是房间的净空尺寸；第三层是门窗、墙垛、柱、楼梯等的结构尺寸
- 表明装修装饰结构在建筑物内的平面位置及与建筑结构的相互关系尺寸，表明装饰结构的具体形状和尺寸，表明装饰面的材料和工艺要求等
- 表明室内设备、家具安放的位置及与装饰布局的关系尺寸，表明设备及家具的数量、规格和要求
- 表明各种房间的位置及功能，走道、楼梯、防火通道、安全门、防火门等人员流动空间的位置与尺寸
- 表明各剖面图的剖切位置、详图和通用配件等的位置及编号
- 表明门窗的开启方向与位置尺寸
- 表明各立面图的视图投影关系和视图位置编号
- 表明台阶、水池、组景、踏步、雨篷、阳台、绿化设施的位置及关系尺寸
- 标注图名和比例。此外整张图样还有图标和会签栏，以作图样的文件标志
- 用文字说明图例和其他符号表达不足的内容

图 4-18　装饰装修工程平面图的基本内容

2）装饰装修工程平面图的识读要点如图4-19所示。

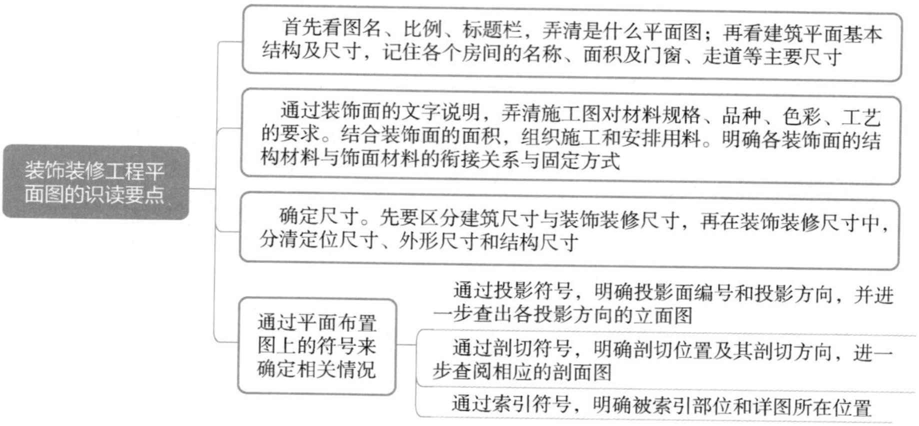

装饰装修工程平面图的识读要点

- 首先看图名、比例、标题栏，弄清是什么平面图；再看建筑平面基本结构及尺寸，记住各个房间的名称、面积及门窗、走道等主要尺寸
- 通过装饰面的文字说明，弄清施工图对材料规格、品种、色彩、工艺的要求。结合装饰面的面积，组织施工和安排用料。明确各装饰面的结构材料与饰面材料的衔接关系与固定方式
- 确定尺寸。先要区分建筑尺寸与装饰装修尺寸，再在装饰装修尺寸中，分清定位尺寸、外形尺寸和结构尺寸
- 通过平面布置图上的符号来确定相关情况
  - 通过投影符号，明确投影面编号和投影方向，并进一步查出各投影方向的立面图
  - 通过剖切符号，明确剖切位置及其剖切方向，进一步查阅相应的剖面图
  - 通过索引符号，明确被索引部位和详图所在位置

图 4-19　装饰装修工程平面图的识读要点

2. 天棚平面图

1）天棚平面图的基本内容如图4-20所示。

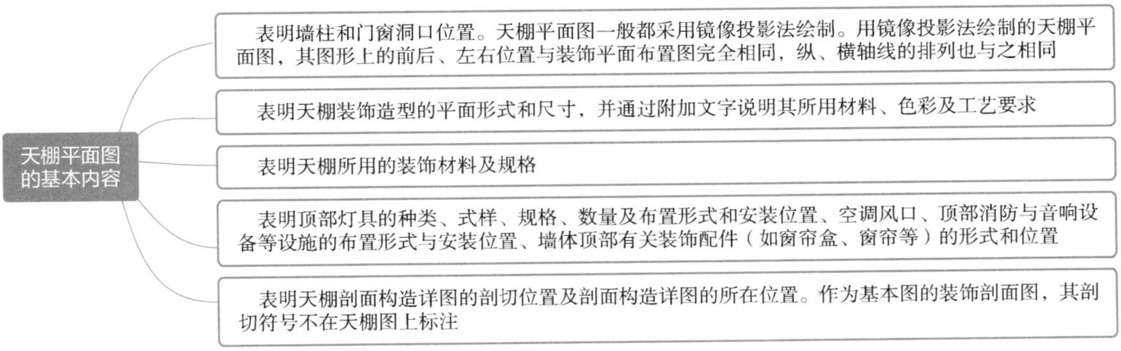

天棚平面图
的基本内容

- 表明墙柱和门窗洞口位置。天棚平面图一般都采用镜像投影法绘制。用镜像投影法绘制的天棚平面图，其图形上的前后、左右位置与装饰平面布置图完全相同，纵、横轴线的排列也与之相同

- 表明天棚装饰造型的平面形式和尺寸，并通过附加文字说明其所用材料、色彩及工艺要求

- 表明天棚所用的装饰材料及规格

- 表明顶部灯具的种类、式样、规格、数量及布置形式和安装位置、空调风口、顶部消防与音响设备等设施的布置形式与安装位置、墙体顶部有关装饰配件（如窗帘盒、窗帘等）的形式和位置

- 表明天棚剖面构造详图的剖切位置及剖面构造详图的所在位置。作为基本图的装饰剖面图，其剖切符号不在天棚图上标注

图4-20　天棚平面图的基本内容

2）天棚平面图的识读要点如图4-21所示。

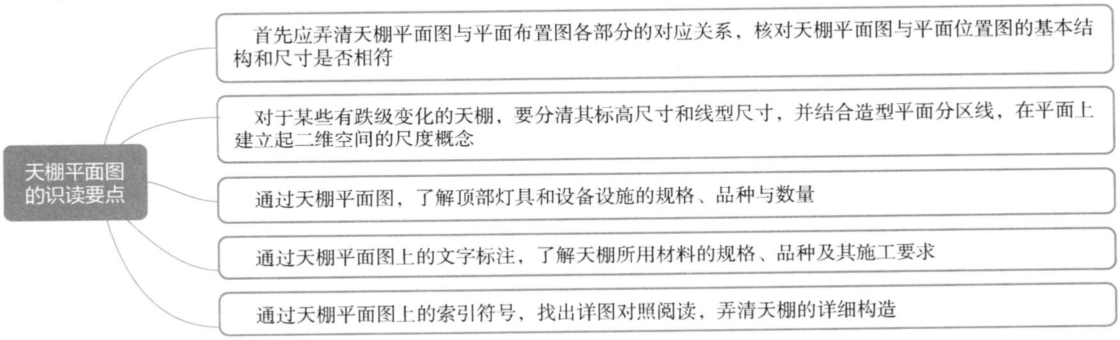

天棚平面图
的识读要点

- 首先应弄清天棚平面图与平面布置图各部分的对应关系，核对天棚平面图与平面位置图的基本结构和尺寸是否相符

- 对于某些有跌级变化的天棚，要分清其标高尺寸和线型尺寸，并结合造型平面分区线，在平面上建立起二维空间的尺度概念

- 通过天棚平面图，了解顶部灯具和设备设施的规格、品种与数量

- 通过天棚平面图上的文字标注，了解天棚所用材料的规格、品种及其施工要求

- 通过天棚平面图上的索引符号，找出详图对照阅读，弄清天棚的详细构造

图4-21　天棚平面图的识读要点

二、立面图

1. 装饰装修工程立面图

1）装饰装修工程立面图的基本内容如图4-22所示。

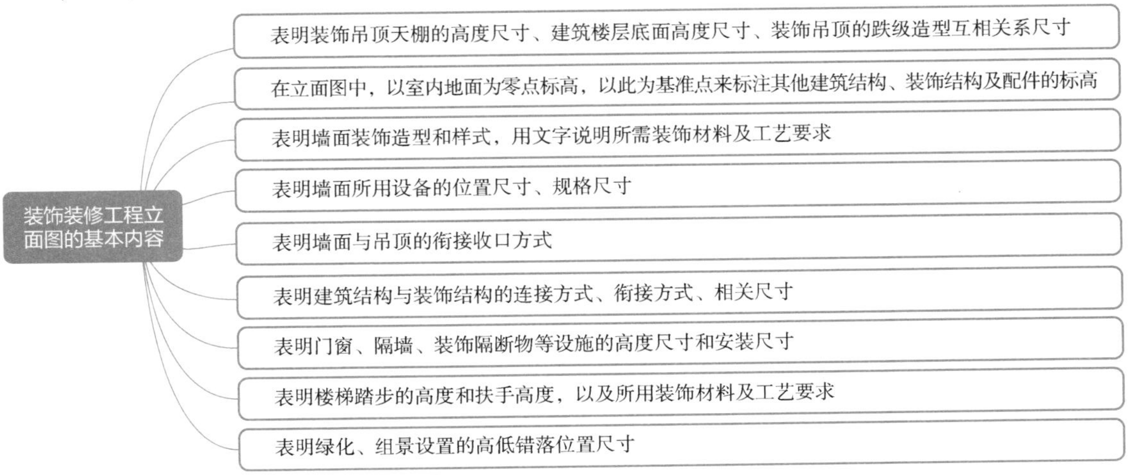

装饰装修工程立面图的基本内容

- 表明装饰吊顶天棚的高度尺寸、建筑楼层底面高度尺寸、装饰吊顶的跌级造型互相关系尺寸
- 在立面图中，以室内地面为零点标高，以此为基准点来标注其他建筑结构、装饰结构及配件的标高
- 表明墙面装饰造型和样式，用文字说明所需装饰材料及工艺要求
- 表明墙面所用设备的位置尺寸、规格尺寸
- 表明墙面与吊顶的衔接收口方式
- 表明建筑结构与装饰结构的连接方式、衔接方式、相关尺寸
- 表明门窗、隔墙、装饰隔断物等设施的高度尺寸和安装尺寸
- 表明楼梯踏步的高度和扶手高度，以及所用装饰材料及工艺要求
- 表明绿化、组景设置的高低错落位置尺寸

图4-22　装饰装修工程立面图的基本内容

2）装饰装修工程立面图的识读要点如图 4-23 所示。

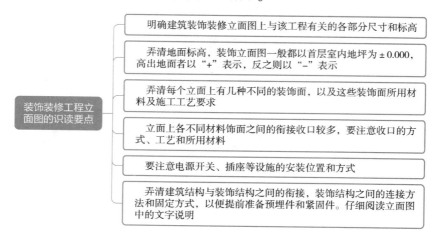

装饰装修工程立面图的识读要点

- 明确建筑装饰装修立面图上与该工程有关的各部分尺寸和标高
- 弄清地面标高，装饰立面图一般都以首层室内地坪为 ±0.000，高出地面者以 "+" 表示，反之则以 "–" 表示
- 弄清每个立面上有几种不同的装饰面，以及这些装饰面所用材料及施工工艺要求
- 立面上各不同材料饰面之间的衔接收口较多，要注意收口的方式、工艺和所用材料
- 要注意电源开关、插座等设施的安装位置和方式
- 弄清建筑结构与装饰结构之间的衔接，装饰结构之间的连接方法和固定方式，以便提前准备预埋件和紧固件。仔细阅读立面图中的文字说明

图 4-23 装饰装修工程立面图的识读要点

2. 外视立面图

装饰立面图就是以外视立面图为主体，结合装饰设计的要求，补充图示的内容。

外视立面图多见于对建筑物与建筑构件的外观表现，任何物体外形均用外视立面图来表现，它的使用范围很广泛。在装饰装修工程中，外视立面图主要适用于室外装饰装修工程，其图示方法也适用于室内装饰立面图。

在三视图中，外视立面图最富有感染力和空间存在感，任何人一看就能理解，用于建筑方案图上可以表现建筑造型和建筑效果。在建筑施工图中，外视立面图表达了建筑外部做法，在建筑室外装饰装修工程施工图中表现了建筑装饰艺术。

三、剖面图

1. 装饰装修工程剖面图的基本内容

装饰装修工程剖面图的基本内容如图 4-24 所示。

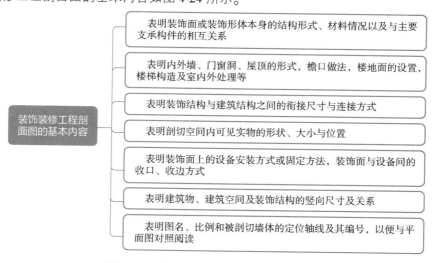

装饰装修工程剖面图的基本内容

- 表明装饰面或装饰形体本身的结构形式、材料情况以及与主要支承构件的相互关系
- 表明内外墙、门窗洞、屋顶的形式，檐口做法，楼地面的设置，楼梯构造及室内外处理等
- 表明装饰结构与建筑结构之间的衔接尺寸与连接方式
- 表明剖切空间内可见实物的形状、大小与位置
- 表明装饰面上的设备安装方式或固定方法，装饰面与设备间的收口、收边方式
- 表明建筑物、建筑空间及装饰结构的竖向尺寸及关系
- 表明图名、比例和被剖切墙体的定位轴线及其编号，以便与平面图对照阅读

图 4-24 装饰装修工程剖面图的基本内容

2. 装饰装修工程剖面图的识读要求

装饰装修工程剖面图的识读要求如图 4-25 所示。

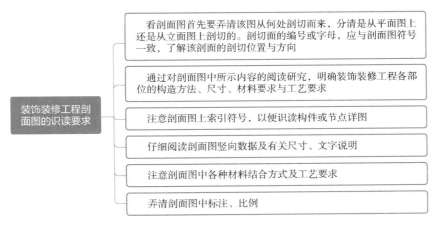

图 4-25　装饰装修工程剖面图的识读要求

四、详图

1. 局部放大图

1）室内装饰平面局部放大图以建筑平面图为依据，按放大的比例图示出厅室的平面结构形式和形状大小、门窗设置等，对家具、卫生设备、电器设备、织物、摆设、绿化等平面布置表达清楚，同时还要标注有关尺寸和文字说明等。

2）室内装饰立面局部放大图重点表现墙面的设计，先图示出厅室围护结构的构造形式，再将墙面上的附加物，以及靠墙的家具都详细地表现出来，同时标注有关详细尺寸、图示符号和文字说明等。

2. 建筑装饰件详图

建筑装饰件项目有很多，如散热器罩、吊灯、吸顶灯、壁灯、空调箱孔、送风口、回风口等。这些装饰件都可能要依据设计意图画出详图，其内容主要是表明它在建筑物上的准确位置，与建筑物其他构（配）件的衔接关系，装饰件自身构造及所用材料等。

建筑装饰件的图示方法要视其细部构造的繁简程度和表达的范围而定。

3. 节点详图

节点详图是将两个或多个装饰面的交汇点，按垂直或水平方向切开，并加以放大绘制出的视图。

节点详图主要是表明某些构件、配件局部的详细尺寸、做法及施工要求；表明装饰结构与建筑结构之间详细的衔接尺寸与连接形式；表明装饰面之间的对接方式及装饰面上的设备安装方式和固定方法。

节点详图是详图中的详图。识读节点详图一定要弄清该图从何处剖切而来，同时要注意剖切方向和视图的投影方向，弄清节点详图中各种材料的结合方式及工艺要求。

第五章　装饰装修工程造价构成与计价

第一节　装饰装修工程造价及分类

一、工程造价的含义

工程造价就是指工程的建设价格，是指为完成一个工程的建设，预期或实际所需的全部费用总和。

工程造价是指工程项目从投资决策开始到竣工投产所需的全部建设费用。

工程造价在工程建设的不同阶段有具体的称谓，如投资决策阶段为投资估算，设计阶段为设计概算、施工图预算，招标投标阶段为最高投标限价、投标报价、合同价，施工阶段为竣工结算等。

二、工程造价的分类

1. 工程造价的费用构成

工程造价的费用构成如图 5-1 所示。

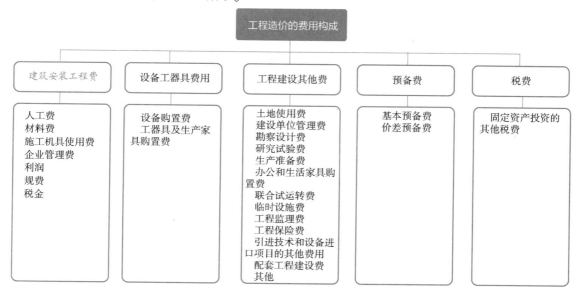

图 5-1　工程造价的费用构成

2. 按费用构成要素划分的建筑安装工程费用项目组成

建筑安装工程费的组成如图 5-2 所示。

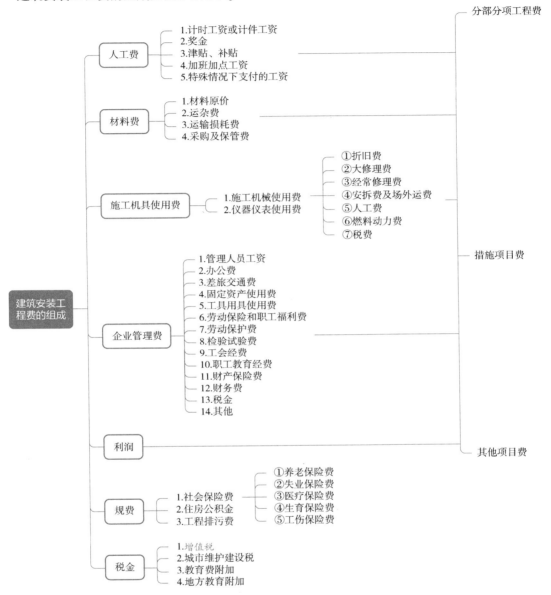

图 5-2 建筑安装工程费的组成

3. 增值税

增值税是商品（含应税劳务）在流转过程中产生的附加值、以增值额作为计税依据而征收的一种流转税。

增值税的计税方法，包括*一般计税方法*和简易计税方法。一般纳税人发生应税行为适用一般计税方法计税。小规模纳税人发生应税行为适用简易计税方法计税。

（1）采用一般计税方法时增值税的计算 当采用一般计税方法时，建筑业增值税*税率为 9%*。其计算公式为

$$增值税 = 税前造价 × 9\%$$

税前造价为人工费、材料费、施工机具使用费、企业管理费、利润和规费之和，各费用项目均以不包含增值税可抵扣进项税额的价格计算。

（2）采用简易计税方法时增值税的计算　当采用简易计税方法时，建筑业增值税税率为3%。其计算公式为

$$增值税 = 税前造价 × 3\%$$

税前造价为人工费、材料费、施工机具使用费、企业管理费、利润和规费之和，各费用项目均以包含增值税可抵扣进项税额的价格计算。

第二节　装饰装修工程造价的特征

一、工程造价的特征

工程造价的特征如图5-3所示。

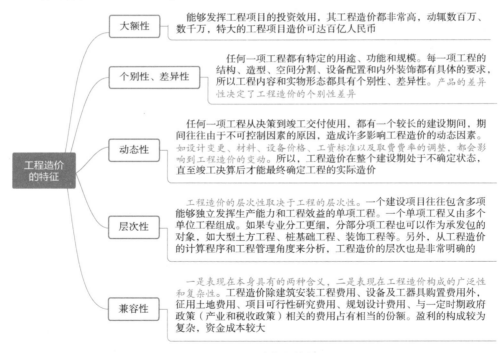

图5-3　工程造价的特征

二、工程计价的特征

工程计价的特征如图5-4所示。

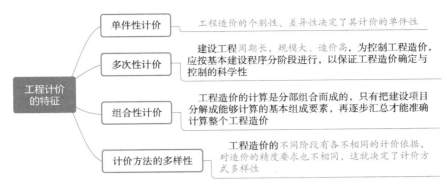

图 5-4　工程计价的特征

第三节　装饰装修工程计价的依据与方法

一、装饰装修工程计价的依据

工程造价计价的依据可从六个方面编制，如图 5-5 所示。

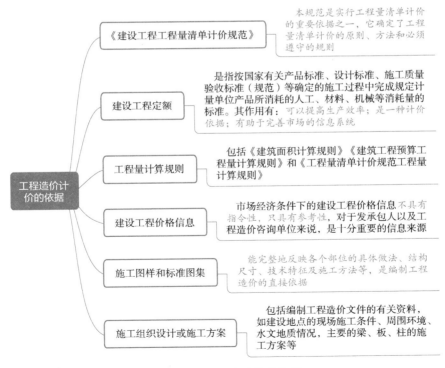

图 5-5　工程造价计价的依据

二、装饰装修工程计价的方法

工程计价的方法可分为工料单价法、实物单价法和综合单价法，如图 5-6 所示。

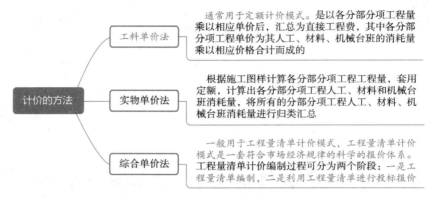

工料单价法：通常用于定额计价模式。是以各分部分项工程量乘以相应单价后，汇总为直接工程费，其中各分部分项工程单价为其人工、材料、机械台班的消耗量乘以相应价格合计而成的

实物单价法：根据施工图样计算各分部分项工程工程量，套用定额，计算出各分部分项工程人工、材料和机械台班消耗量，将所有的分部分项工程人工、材料、机械台班消耗量进行归类汇总

综合单价法：一般用于工程量清单计价模式，工程量清单计价模式是一套符合市场经济规律的科学的报价体系。工程量清单计价编制过程可分为两个阶段：一是工程量清单编制，二是利用工程量清单进行投标报价

图 5-6　计价的方法

第六章 装饰装修工程工程量计算

第一节 楼地面装饰工程工程量计算

一、工程量计算规则

1. 定额工程量计算规则

1) 楼地面装饰面积按饰面的净面积计算，不扣除 0.1m² 以内的孔洞所占面积。拼花部分按实贴面积计算。

2) 楼梯面层（包括踏步、休息平台以及小于 500mm 宽的楼梯井）按水平投影面积计算。楼梯与楼面相连时，有梯口梁者，算至梯口梁内侧边沿；无梯口梁者，算至最上一层踏步边沿加 300mm。

3) 台阶面层（包括踏步及最上一层踏步边沿加 300mm）按水平投影面积计算。即计算台阶工程量时，台阶与平台的分界线应以最上层踏步边沿加 300mm。

4) 踢脚线按实贴长乘以高以"m²"计算，成品踢脚线按实贴延长米计算。楼梯踢脚线按相应定额乘以系数 1.15。

5) 点缀按个计算，计算主体铺贴地面面积时，不扣除点缀所占面积。

6) 零星项目按实铺面积计算。

7) 栏杆、栏板、扶手均按其中心线长度以延长米计算，计算扶手时不扣除弯头所占长度。弯头按个计算。

8) 石材底面刷养护液按底面面积加 4 个侧面面积，以 m² 计算。

2. 清单工程量计算规则

1) 整体面层及找平层工程量清单项目设置及工程量计算规则，见表 6-1。

2) 块料面层工程量清单项目设置及工程量计算规则，见表 6-2。

3) 橡塑面层工程量清单项目设置及工程量计算规则，见表 6-3。

4) 其他材料面层工程量清单项目设置及工程量计算规则，见表 6-4。

表 6-1　整体面层及找平层（编码：011101）

项目编码	项目名称	项目特征	计量单位	工程量计算规则	工程内容
011101001	水泥砂浆楼地面	1. 找平层厚度、砂浆配合比 2. 素水泥浆遍数 3. 面层厚度、砂浆配合比 4. 面层做法要求			1. 基层清理 2. 抹找平层 3. 抹面层 4. 材料运输
011101002	现浇水磨石楼地面	1. 找平层厚度、砂浆配合比 2. 面层厚度、水泥石子砂浆配合比 3. 嵌条材料种类、规格 4. 石子种类、规格、颜色 5. 颜料种类、颜色 6. 图案要求 7. 磨光、酸洗、打蜡要求		按设计图示尺寸以面积计算。扣除凸出地面构筑物、设备基础、室内管道、地沟等所占面积，不扣除间壁墙及不大于 0.3m² 柱、垛、附墙烟囱及孔洞所占面积。门洞、空圈、散热器包槽、壁龛的开口部分不增加面积	1. 基层清理 2. 抹找平层 3. 面层铺设 4. 嵌缝条安装 5. 磨光、酸洗、打蜡 6. 材料运输
011101003	细石混凝土楼地面	1. 找平层厚度、砂浆配合比 2. 面层厚度、混凝土强度等级	m²		1. 基层清理 2. 抹找平层 3. 面层铺设 4. 材料运输
011101004	菱苦土楼地面	1. 找平层厚度、砂浆配合比 2. 面层厚度 3. 打蜡要求			1. 基层清理 2. 抹找平层 3. 面层铺设 4. 打蜡 5. 材料运输
011101005	自流坪楼地面	1. 找平层砂浆配合比、厚度 2. 界面剂材料种类 3. 中层漆材料种类、厚度 4. 面漆材料种类、厚度 5. 面层材料种类			1. 基层处理 2. 抹找平层 3. 涂界面剂 4. 涂刷中层漆 5. 打磨、吸尘 6. 刷自流平面漆（浆） 7. 拌和自流平浆料 8. 铺面层
011101006	平面砂浆找平层	找平层厚度、砂浆配合比		按设计图示尺寸以面积计算	1. 基层清理 2. 抹找平层 3. 材料运输

表 6-2　块料面层（编码：011102）

项目编码	项目名称	项目特征	计量单位	工程量计算规则	工程内容
011102001	石材楼地面	1. 找平层厚度、砂浆配合比 2. 结合层厚度、砂浆配合比 3. 面层材料品种、规格、颜色 4. 嵌缝材料种类 5. 防护层材料种类 6. 酸洗、打蜡要求	m²	按设计图示尺寸以面积计算。门洞、空圈、散热器包槽、壁龛的开口部分并入相应的工程量内	1. 基层清理 2. 抹找平层 3. 面层铺设、磨边 4. 嵌缝 5. 刷防护材料 6. 酸洗、打蜡 7. 材料运输
011102002	碎石材楼地面				
011102003	块料楼地面				

表 6-3　橡塑面层（编码：011103）

项目编码	项目名称	项目特征	计量单位	工程量计算规则	工程内容
011103001	橡胶板楼地面	1. 粘结层厚度、材料种类 2. 面层材料品种、规格、颜色 3. 压线条种类	m²	按设计图示尺寸以面积计算。门洞、空圈、散热器包槽、壁龛的开口部分并入相应的工程量内	1. 基层清理 2. 面层铺贴 3. 压缝条装钉 4. 材料运输
011103002	橡胶板卷材楼地面				
011103003	塑料板楼地面				
011103004	塑料卷材楼地面				

表 6-4　其他材料面层（编码：011104）

项目编码	项目名称	项目特征	计量单位	工程量计算规则	工程内容
011104001	地毯楼地面	1. 面层材料品种、规格、颜色 2. 防护材料种类 3. 粘结材料种类 4. 压线条种类	m²	按设计图示尺寸以面积计算。门洞、空圈、散热器包槽、壁龛的开口部分并入相应的工程量内	1. 基层清理 2. 铺贴面层 3. 刷防护材料 4. 装钉压条 5. 材料运输
011104002	竹、木（复合）地板	1. 龙骨材料种类、规格、铺设间距 2. 基层材料种类、规格 3. 面层材料品种、规格、颜色 4. 防护材料种类			1. 基层清理 2. 龙骨铺设 3. 基层铺设 4. 面层铺贴 5. 刷防护材料 6. 材料运输
011104003	金属复合地板				
011104004	防静电活动地板	1. 支架高度、材料种类 2. 面层材料品种、规格、颜色 3. 防护材料种类			1. 基层清理 2. 固定支架安装 3. 活动面层安装 4. 刷防护材料 5. 材料运输

5）踢脚线工程量清单项目设置及工程量计算规则，见表6-5。

表6-5　踢脚线（编码：011105）

项目编码	项目名称	项目特征	计量单位	工程量计算规则	工程内容
011105001	水泥砂浆踢脚线	1. 踢脚线高度 2. 底层厚度、砂浆配合比 3. 面层厚度、砂浆配合比	1. m² 2. m	1. 以 m² 计量，按设计图示长度乘高度以面积计算 2. 以 m 计量，按延长米计算	1. 基层清理 2. 底层和面层抹灰 3. 材料运输
011105002	石材踢脚线	1. 踢脚线高度 2. 粘贴层厚度、材料种类 3. 面层材料品种、规格、颜色 4. 防护材料种类			1. 基层清理 2. 底层抹灰 3. 面层铺贴、磨边 4. 擦缝 5. 磨光、酸洗、打蜡 6. 刷防护材料 7. 材料运输
011105003	块料踢脚线				
011105004	塑料板踢脚线	1. 踢脚线高度 2. 粘结层厚度、材料种类 3. 面层材料种类、规格、颜色			1. 基层清理 2. 基层铺贴 3. 面层铺贴 4. 材料运输
011105005	木质踢脚线	1. 踢脚线高度 2. 基层材料种类、规格 3. 面层材料品种、规格、颜色			
011105006	金属踢脚线				
011105007	防静电踢脚线				

6）楼梯面层工程量清单项目设置及工程量计算规则，见表6-6。

表6-6　楼梯面层（编码：011106）

项目编码	项目名称	项目特征	计量单位	工程量计算规则	工程内容
011106001	石材楼梯面层	1. 找平层厚度、砂浆配合比 2. 粘结层厚度、材料种类 3. 面层材料品种、规格、颜色 4. 防滑条材料种类、规格 5. 色缝材料种类 6. 防护材料种类 7. 酸洗、打蜡要求	m²	按设计图示尺寸以楼梯（包括踏步、休息平台及不大于500mm的楼梯井）水平投影面积计算。楼梯与楼地面相连时，算至梯口梁内侧边沿，无梯口梁者，算至最上一层踏步边沿加300mm	1. 基层清理 2. 抹找平层 3. 面层铺贴、磨边 4. 贴嵌防滑条 5. 勾缝 6. 刷防护材料 7. 酸洗、打蜡 8. 材料运输
011106002	块料楼梯面层				
011106003	拼碎块料楼梯面层				
011106004	水泥砂浆楼梯面层	1. 找平层厚度、砂浆配合比 2. 面层厚度、砂浆配合比 3. 防滑条材料种类、规格			1. 基层清理 2. 抹找平层 3. 抹面层 4. 抹防滑条 5. 材料运输

（续）

项目编码	项目名称	项目特征	计量单位	工程量计算规则	工程内容
011106005	现浇水磨石楼梯面层	1. 找平层厚度、砂浆配合比 2. 面层厚度、水泥石子浆配合比 3. 防滑条材料种类、规格 4. 石子种类、规格、颜色 5. 颜料种类、颜色 6. 磨光、酸洗、打蜡要求			1. 基层清理 2. 抹找平层 3. 抹面层 4. 贴嵌防滑条 5. 磨光、酸洗、打蜡 6. 材料运输
011106006	地毯楼梯面层	1. 基层种类 2. 面层材料品种、规格、颜色 3. 防护材料种类 4. 粘结材料种类 5. 固定配件材料种类、规格	m²	按设计图示尺寸以楼梯（包括踏步、休息平台及不大于500mm的楼梯井）水平投影面积计算。楼梯与楼地面相连时，算至梯口梁内侧边沿；无梯口梁者，算至最上一层踏步边沿加300mm	1. 基层清理 2. 铺贴面层 3. 固定配件安装 4. 刷防护材料 5. 材料运输
011106007	木板楼梯面层	1. 基层材料种类、规格 2. 面层材料品种、规格、颜色 3. 粘结材料种类 4. 防护材料种类			1. 基层清理 2. 基层铺贴 3. 面层铺贴 4. 刷防护材料 5. 材料运输
011106008	橡胶板楼梯面层	1. 粘结层厚度、材料种类 2. 面层材料品种、规格、颜色 3. 压线条种类			1. 基层清理 2. 面层铺贴 3. 压缝条装钉 4. 材料运输
011106009	塑料板楼梯面层				

7）台阶装饰工程量清单项目设置及工程量计算规则，见表6-7。

表6-7 台阶装饰（编码：011107）

项目编码	项目名称	项目特征	计量单位	工程量计算规则	工程内容
011107001	石材台阶面	1. 找平层厚度、砂浆配合比 2. 粘结材料种类 3. 面层材料品种、规格、颜色 4. 勾缝材料种类 5. 防滑条材料种类、规格 6. 防护材料种类	m²	按设计图示尺寸以台阶（包括最上层踏步边沿加300mm）水平投影面积计算	1. 基层清理 2. 抹找平层 3. 面层铺贴 4. 贴嵌防滑条 5. 勾缝 6. 刷防护材料 7. 材料运输
011107002	块料台阶面				
011107003	拼碎块料台阶面				
011107004	水泥砂浆台阶面	1. 找平层厚度、砂浆配合比 2. 面层厚度、砂浆配合比 3. 防滑条材料种类			1. 基层清理 2. 抹找平层 3. 抹面层 4. 抹防滑条 5. 材料运输

（续）

项目编码	项目名称	项目特征	计量单位	工程量计算规则	工程内容
011107005	现浇水磨石台阶面	1. 找平层厚度、砂浆配合比 2. 面层厚度、水泥石子浆配合比 3. 防滑条材料种类、规格 4. 石子种类、规格、颜色 5. 颜料种类、颜色 6. 磨光、酸洗、打蜡要求	m²	按设计图示尺寸以台阶（包括最上层踏步边沿加300mm）水平投影面积计算	1. 清理基层 2. 抹找平层 3. 抹面层 4. 贴嵌防滑条 5. 打磨、酸洗、打蜡 6. 材料运输
011107006	剁假石台阶面	1. 找平层厚度、砂浆配合比 2. 面层厚度、砂浆配合比 3. 剁假石要求			1. 清理基层 2. 抹找平层 3. 抹面层 4. 剁假石 5. 材料运输

8）零星装饰项目工程量清单项目设置及工程量计算规则，见表6-8。

表6-8 零星装饰项目（编码：011108）

项目编码	项目名称	项目特征	计量单位	工程量计算规则	工程内容
011108001	石材零星项目	1. 工程部位 2. 找平层厚度、砂浆配合比 3. 贴结合层厚度、材料种类 4. 面层材料品种、规格、颜色 5. 勾缝材料种类 6. 防护材料种类 7. 酸洗、打蜡要求	m²	按设计图示尺寸以面积计算	1. 清理基层 2. 抹找平层 3. 面层铺贴、磨边 4. 勾缝 5. 刷防护材料 6. 酸洗、打蜡 7. 材料运输
011108002	拼碎石材零星项目				
011108003	块料零星项目				
011108004	水泥砂浆零星项目	1. 工程部位 2. 找平层厚度、砂浆配合比 3. 面层厚度、砂浆厚度			1. 清理基层 2. 抹找平层 3. 抹面层 4. 材料运输

二、工程量计算实例

某房屋平面图如图6-1所示。已知内、外墙墙厚均为240mm，水泥砂浆踢脚线高150mm，门均为900mm宽。试计算：100mm厚C15混凝土地面垫层工程量；20mm厚水泥砂浆面层工程量；水泥砂浆踢脚线工程量。

【错误答案】

解：（1）定额工程量：

1）100mm厚C15混凝土地面垫层。

地面垫层工程量 = 主墙间净空面积×垫层厚度

$$= [(12.84 - 0.24×3)×(6.0 - 0.24) - (3.6 - 0.24)×0.24]×0.1m^3 = 6.9m^3$$

2）20mm厚水泥砂浆面层。

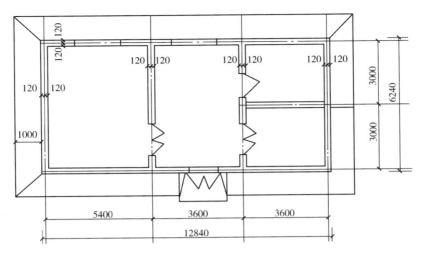

图 6-1　某房屋平面图

地面面层工程量 = 主墙间净空面积

$$= \left[(12.84 - 0.24 \times 3) \times (6.0 - 0.24) - (3.6 - 0.24) \times 0.24 \right] \mathrm{m}^2 = 69 \mathrm{m}^2$$

3）水泥砂浆踢脚线。

踢脚线工程量 $= \left[(12.84 - 0.24) \times 2 + (3.6 - 0.24) \times 2 + (6.0 - 0.24) \times 6 - 0.9 \times 8 \right] \times 0.15 \mathrm{m}^2$

$$= 8.892 \mathrm{m}^2$$

（2）清单工程量：清单工程量同定额工程量。

【正确答案】

解：（1）定额工程量：

1）100mm 厚 C15 混凝土地面垫层。

地面垫层工程量 = 主墙间净空面积 × 垫层厚度

$$= \left[(12.84 - 0.24 \times 3) \times (6.0 - 0.24) - (3.6 - 0.24) \times 0.24 \right] \times 0.1 \mathrm{m}^3 = 6.9 \mathrm{m}^3$$

2）20mm 厚水泥砂浆面层。

地面面层工程量 = 主墙间净空面积

$$= \left[(12.84 - 0.24 \times 3) \times (6.0 - 0.24) - (3.6 - 0.24) \times 0.24 \right] \mathrm{m}^2 = 69 \mathrm{m}^2$$

3）水泥砂浆踢脚线。

踢脚线工程量 $= \left[(12.84 - 0.24) \times 2 + (3.6 - 0.24) \times 2 + (6.0 - 0.24) \times 6 - 0.9 \times 7 + \right.$

$$\left. 0.24 \times 3 - 0.24 \times 2 \right] \times 0.15 \mathrm{m}^2 = 9.06 \mathrm{m}^2$$

（2）清单工程量：清单工程量同定额工程量。

第二节　墙、柱面装饰与隔断、幕墙工程工程量计算

一、工程量计算规则

1. 定额工程量计算规则

1）外墙面装饰抹灰面积，按垂直投影面积计算，扣除门窗洞口和 0.3m² 以上的孔洞所占面

积，门窗洞口及孔洞侧壁面积也不增加。附墙柱侧面抹灰面积并入外墙抹灰面积工程量内。

2）柱抹灰按结构断面周长乘以高计算。

3）女儿墙（包括泛水、挑砖）、阳台栏板（不扣除花格所占孔洞面积）内侧抹灰按垂直投影面积乘以系数1.10，带压顶者乘以系数1.30，按墙面相关定额执行。

4）"零星项目"按设计图示尺寸以展开面积计算。

5）墙面贴块料面层，按实贴面积计算。

6）墙面贴块料、饰面高度在300mm以内者，按踢脚线相关定额执行。

7）柱饰面面积按外围饰面尺寸乘以高度计算。

8）挂贴大理石、花岗石中其他零星项目的花岗石、大理石是按成品考虑的，花岗石、大理石柱墩、柱帽按最大外径周长计算。

9）隔断按墙的净长乘以净高计算，扣除门窗洞口及0.3m²以上的孔洞所占面积。

10）玻璃隔断的不锈钢边框工程量按边框展开面积计算。

11）玻璃隔断、玻璃幕墙如有加强肋者，工程量按其展开面积计算；玻璃幕墙、铝板幕墙以框外围面积计算。

12）装饰抹灰分格、嵌缝按装饰抹灰面面积计算。

2. 清单工程量计算规则

1）墙面抹灰工程量清单项目设置及工程量计算规则，见表6-9。

表6-9 墙面抹灰（编码：011201）

项目编码	项目名称	项目特征	计量单位	工程量计算规则	工程内容
011201001	墙面一般抹灰	1. 墙体类型 2. 底层厚度、砂浆配合比 3. 面层厚度、砂浆配合比 4. 装饰面材料种类 5. 分格缝宽度、材料种类	m²	按设计图示尺寸以面积计算。扣除墙裙、门窗洞口及单个大于0.3m²的孔洞面积，不扣除踢脚线、挂镜线和墙与构件交接处的面积，门窗洞口和孔洞的侧壁及顶面不增加面积。附墙柱、梁、垛、烟囱侧壁并入相应的墙面面积内 （1）外墙抹灰面积按外墙垂直投影面积计算 （2）外墙裙抹灰面积按其长度乘以高度计算 （3）内墙抹灰面积按主墙间的净长乘以高度计算 1）无墙裙的，高度按室内楼地面至天棚底面计算 2）有墙裙的，高度按墙裙顶至天棚底面计算 3）有吊顶天棚抹灰，高度算至天棚底 （4）内墙裙抹灰面按内墙净长乘以高度计算	1. 基层清理 2. 砂浆制作、运输 3. 底层抹灰 4. 抹面层 5. 抹装饰面 6. 勾分格缝
011201002	墙面装饰抹灰				
011201003	墙面勾缝	1. 勾缝类型 2. 勾缝材料种类			1. 基层清理 2. 砂浆制作、运输 3. 勾缝
011201004	立面砂浆找平层	1. 基层类型 2. 找平层砂浆厚度、配合比			1. 基层清理 2. 砂浆制作、运输 3. 抹灰找平

2）柱（梁）面抹灰工程量清单项目设置及工程量计算规则，见表6-10。

表6-10 柱（梁）面抹灰（编码：011202）

项目编码	项目名称	项目特征	计量单位	工程量计算规则	工程内容
011202001	柱、梁面一般抹灰	1. 柱（梁）体类型 2. 底层厚度、砂浆配合比 3. 面层厚度、砂浆配合比 4. 装饰面材料种类 5. 分格缝宽度、材料种类	m²	（1）柱面抹灰：按设计图示柱断面周长乘高度以面积计算 （2）梁面抹灰：按设计图示梁断面周长乘长度以面积计算	1. 基层清理 2. 砂浆制作、运输 3. 底层抹灰 4. 抹面层 5. 勾分格缝
011202002	柱、梁面装饰抹灰				
011202003	柱、梁面砂浆找平	1. 柱（梁）体类型 2. 找平的砂浆厚度、配合比			1. 基层清理 2. 砂浆制作、运输 3. 抹灰找平
011202004	柱面勾缝	1. 勾缝类型 2. 勾缝材料种类		按设计图示柱断面周长乘高度以面积计算	1. 基层清理 2. 砂浆制作、运输 3. 勾缝

3）零星抹灰工程量清单项目设置及工程量计算规则，见表6-11。

表6-11 零星抹灰（编码：011203）

项目编码	项目名称	项目特征	计量单位	工程量计算规则	工程内容
011203001	零星项目一般抹灰	1. 基层类型、部位 2. 底层厚度、砂浆配合比 3. 面层厚度、砂浆配合比 4. 装饰面材料种类 5. 分格缝宽度、材料种类	m²	按设计图示尺寸以面积计算	1. 基层清理 2. 砂浆制作、运输 3. 底层抹灰 4. 抹面层 5. 抹装饰面 6. 勾分格缝
011203002	零星项目装饰抹灰				
011203003	零星项目砂浆找平	1. 基层类型、部位 2. 找平的砂浆厚度、配合比			1. 基层清理 2. 砂浆制作、运输 3. 抹灰找平

4）墙面块料面层工程量清单项目设置及工程量计算规则，见表6-12。

表6-12 墙面块料面层（编码：011204）

项目编码	项目名称	项目特征	计量单位	工程量计算规则	工程内容
011204001	石材墙面	1. 墙体类型 2. 安装方式 3. 面层材料品种、规格、颜色 4. 缝宽、嵌缝材料种类 5. 防护材料种类 6. 磨光、酸洗、打蜡要求	m²	按镶贴表面积计算	1. 基层清理 2. 砂浆制作、运输 3. 粘结层铺贴 4. 面层安装 5. 嵌缝 6. 刷防护材料 7. 磨光、酸洗、打蜡
011204002	拼碎石材墙面				
011204003	块料墙面				

（续）

项目编码	项目名称	项目特征	计量单位	工程量计算规则	工程内容
011204004	干挂石材钢骨架	1. 骨架种类、规格 2. 防锈漆品种、遍数	t	按设计图示以质量计算	1. 骨架制作、运输、安装 2. 刷漆

5）柱（梁）面镶贴块料工程量清单项目设置及工程量计算规则，见表 6-13。

表 6-13　柱（梁）面镶贴块料（编码：011205）

项目编码	项目名称	项目特征	计量单位	工程量计算规则	工程内容
011205001	石材柱面	1. 柱截面类型、尺寸 2. 安装方式 3. 面层材料品种、规格、颜色 4. 缝宽、嵌缝材料种类 5. 防护材料种类 6. 磨光、酸洗、打蜡要求	m²	按镶贴表面积计算	1. 基层清理 2. 砂浆制作、运输 3. 粘结层铺贴 4. 面层安装 5. 嵌缝 6. 刷防护材料 7. 磨光、酸洗、打蜡
011205002	块料柱面				
011205003	拼碎块柱面				
011205004	石材梁面	1. 安装方式 2. 面层材料品种、规格、颜色 3. 缝宽、嵌缝材料种类 4. 防护材料种类 5. 磨光、酸洗、打蜡要求			
011205005	块料梁面				

6）镶贴零星块料工程量清单项目设置及工程量计算规则，见表 6-14。

表 6-14　镶贴零星块料（编码：011206）

项目编码	项目名称	项目特征	计量单位	工程量计算规则	工程内容
011206001	石材零星项目	1. 基层类型、部位 2. 安装方式 3. 面层材料品种、规格、颜色 4. 缝宽、嵌缝材料种类 5. 防护材料种类 6. 磨光、酸洗、打蜡要求	m²	按镶贴表面积计算	1. 基层清理 2. 砂浆制作、运输 3. 面层安装 4. 嵌缝 5. 刷防护材料 6. 磨光、酸洗、打蜡
011206002	块料零星项目				
011206003	拼碎块零星项目				

7）墙饰面工程量清单项目设置及工程量计算规则，见表 6-15。

表 6-15 墙饰面（编码：011207）

项目编码	项目名称	项目特征	计量单位	工程量计算规则	工程内容
011207001	墙面装饰板	1. 龙骨材料种类、规格、中距 2. 隔离层材料种类、规格 3. 基层材料种类、规格 4. 面层材料品种、规格、颜色 5. 压条材料种类、规格	m²	按设计图示墙净长乘净高以面积计算。扣除门窗洞口及单个大于 0.3m² 的孔洞所占面积	1. 基层清理 2. 龙骨制作、运输、安装 3. 钉隔离层 4. 基层铺钉 5. 面层铺贴
011207002	墙面装饰浮雕	1. 基层类型 2. 浮雕材料种类 3. 浮雕样式		按设计图示尺寸以面积计算	1. 基层清理 2. 材料制作、运输 3. 安装成型

8）柱（梁）饰面工程量清单项目设置及工程量计算规则，见表 6-16。

表 6-16 柱（梁）饰面（编码：011208）

项目编码	项目名称	项目特征	计量单位	工程量计算规则	工程内容
011208001	柱（梁）面装饰	1. 龙骨材料种类、规格、中距 2. 隔离层材料种类 3. 基层材料种类、规格 4. 面层材料品种、规格、颜色 5. 压条材料种类、规格	m²	按设计图示饰面外围尺寸以面积计算。柱帽、柱墩并入相应柱饰面工程量内	1. 清理基层 2. 龙骨制作、运输、安装 3. 钉隔离层 4. 基层铺钉 5. 面层铺贴
011208002	成品装饰柱	1. 柱截面、高度尺寸 2. 柱材质	1. 根 2. m	1. 以根计量，按设计数量计算 2. 以 m 计量，按设计长度计算	柱运输、固定、安装

9）幕墙工程量清单项目设置及工程量计算规则，见表 6-17。

表 6-17 幕墙（编码：011209）

项目编码	项目名称	项目特征	计量单位	工程量计算规则	工程内容
011209001	带骨架幕墙	1. 骨架材料种类、规格、中距 2. 面层材料品种、规格、颜色 3. 面层固定方式 4. 隔离带、框边封闭材料品种、规格 5. 嵌缝、塞口材料种类	m²	按设计图示框外围尺寸以面积计算。与幕墙同种材质的窗所占面积不扣除	1. 骨架制作、运输、安装 2. 面层安装 3. 隔离带、框边封闭 4. 嵌缝、塞口 5. 清洗
011209002	全玻（无框玻璃）幕墙	1. 玻璃品种、规格、颜色 2. 粘结塞口材料种类 3. 固定方式		按设计图示尺寸以面积计算。带肋全玻幕墙按展开面积计算	1. 幕墙安装 2. 嵌缝、塞口 3. 清洗

10）隔断工程量清单项目设置及工程量计算规则，见表6-18。

表6-18 隔断（编码：011210）

项目编码	项目名称	项目特征	计量单位	工程量计算规则	工程内容
011210001	木隔断	1. 骨架、边框材料种类、规格 2. 隔板材料品种、规格、颜色 3. 嵌缝、塞口材料品种 4. 压条材料种类	m²	按设计图示框外围尺寸以面积计算。不扣除单个小于或等于0.3m²的孔洞所占面积；浴厕门的材质与隔断相同时，门的面积并入隔断面积内	1. 骨架及边框制作、运输、安装 2. 隔板制作、运输、安装 3. 嵌缝、塞口 4. 装钉压条
011210002	金属隔断	1. 骨架、边框材料种类、规格 2. 隔板材料品种、规格、颜色 3. 嵌缝、塞口材料品种			1. 骨架及边框制作、运输、安装 2. 隔板制作、运输、安装 3. 嵌缝、塞口
011210003	玻璃隔断	1. 边框材料种类、规格 2. 玻璃品种、规格、颜色 3. 嵌缝、塞口材料品种		按设计图示框外围尺寸以面积计算。不扣除单个不大于0.3m²的孔洞所占面积	1. 边框制作、运输、安装 2. 玻璃制作、运输、安装 3. 嵌缝、塞口
011210004	塑料隔断	1. 边框材料种类、规格 2. 隔板材料品种、规格、颜色 3. 嵌缝、塞口材料品种			1. 骨架及边框制作、运输、安装 2. 隔板制作、运输、安装 3. 嵌缝、塞口
011210005	成品隔断	1. 隔断材料品种、规格、颜色 2. 配件品种、规格	1. m² 2. 间	1. 以m²计量，按设计图示框外围尺寸以面积计算 2. 以间计量，按设计间的数量计量	1. 隔断运输、安装 2. 嵌缝、塞口
011210006	其他隔断	1. 骨架、边框材料种类、规格 2. 隔板材料品种、规格、颜色 3. 嵌缝、塞口材料品种	m²	按设计图示框外围尺寸以面积计算。不扣除单个不大于0.3m²的孔洞所占面积	1. 骨架及边框安装 2. 隔板安装 3. 嵌缝、塞口

二、工程量计算实例

某砖混结构工程如图6-2所示，外墙面抹水泥砂浆，底层1:3水泥砂浆打底，14mm厚；面层为1:2水泥砂浆抹面，6mm厚。外墙裙水刷石，1:3水泥砂浆打底，12mm厚；刷素水泥浆2遍；1:2.5水泥白石子，10mm厚。挑檐水刷白石子，厚度与配合比均与定额相同。内墙面抹1:2水泥砂浆打底，1:3石灰砂浆找平层，麻刀石灰浆面层，共20mm厚。内墙裙采用1:3水泥砂浆打底，19mm厚，1:2.5水泥砂浆面层，6mm厚。试计算内、外墙抹灰工程量。

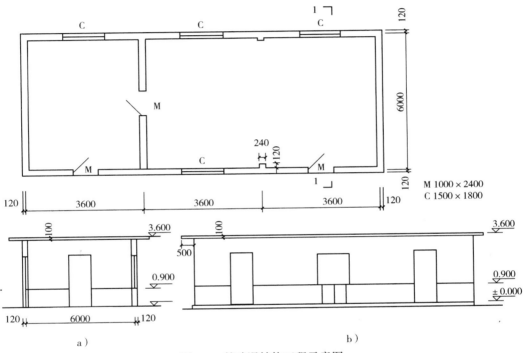

图6-2　某砖混结构工程示意图

a) 1—1剖面　b) 立面图

解：（1）定额工程量：

1）内墙。

内墙面抹灰工程量 = 内墙面面积 - 门窗洞口和空圈所占面积 + 墙垛、附墙烟囱侧壁面积

$$= \{[(3.6 \times 3 - 0.24 \times 2 + 0.12 \times 2) \times 2 + (6.0 - 0.24) \times 4] \times (3.60 - 0.10 - 0.90) - 1.0 \times (2.40 - 0.90) \times 4 - 1.50 \times 1.80 \times 4\} \mathrm{m}^2$$

$$= 98.02 \mathrm{m}^2$$

内墙裙抹灰工程量 = 内墙面净长度 × 内墙裙抹灰高度 - 门窗洞口和空圈所占面积 + 墙垛、附墙烟囱侧壁面积

$$= [(3.6 \times 3 - 0.24 \times 2 + 0.12 \times 2) \times 2 + (6.0 - 0.24) \times 4 - 1.0 \times 4] \times 0.90 \mathrm{m}^2$$

$$= 36.14 \mathrm{m}^2$$

2）外墙。

外墙面水泥砂浆工程量 $= [(3.6 \times 3 + 0.24 + 6.0 + 0.24) \times 2 \times (3.60 - 0.10 - 0.90) - 1.0 \times (2.40 - 0.90) \times 2 - 1.50 \times 1.80 \times 4] \mathrm{m}^2 = 76.06 \mathrm{m}^2$

外墙裙水刷白石子工程量 $= [(3.6 \times 3 + 0.24 + 6.0 + 0.24) \times 2 - 1.0 \times 2] \times 0.90 \mathrm{m}^2 = 29.3 \mathrm{m}^2$

内、外墙抹灰工程量汇总：

内墙面抹灰工程量 98.02m^2

内墙裙抹灰工程量 36.14m^2

外墙面水泥砂浆工程量 76.06m^2

外墙裙水刷白石子工程量 29.3m^2

（2）清单工程量：清单工程量同定额工程量。

第三节 天棚工程工程量计算

一、工程量计算规则

1. 定额工程量计算规则

1）各种吊顶天棚龙骨按主墙间净空面积计算，不扣除间壁墙、检查洞、附墙烟囱、柱、垛和管道所占面积。

2）天棚基层按展开面积计算。

3）天棚装饰面层，按主墙间实钉（胶）面积以"m^2"计算，不扣除间壁墙、检查口、附墙烟囱、垛和管道所占面积，但应扣除 0.3m^2以上的孔洞、独立柱、灯槽及与天棚相连的窗帘盒所占的面积。

4）天棚工程定额中龙骨、基层、面层合并列项的子目按主墙间净空面积计算，不扣除间壁墙、检查口、附墙烟囱、柱、垛和管道所占面积。

5）板式楼梯底面的装饰工程量按水平投影面积乘以系数 1.15 计算，梁式楼梯底面按展开面积计算。

6）灯光槽按延长米计算。

7）保温层按实铺面积计算。

8）网架按水平投影面积计算。

9）嵌缝按延长米计算。

2. 清单计价工程量计算规则

1）天棚抹灰工程量清单项目设置及工程量计算规则，见表 6-19。

表 6-19 天棚抹灰（编码：011301）

项目编码	项目名称	项目特征	计量单位	工程量计算规则	工程内容
011301001	天棚抹灰	1. 基层类型 2. 抹灰厚度、材料种类 3. 砂浆配合比	m^2	按设计图示尺寸以水平投影面积计算。不扣除间壁墙、垛、柱、附墙烟囱、检查口和管道所占的面积，带梁天棚的梁两侧抹灰面积并入天棚面积内，板式楼梯底面抹灰按斜面积计算，锯齿形楼梯底板抹灰按展开面积计算	1. 基层清理 2. 底层抹灰 3. 抹面层

2）吊顶天棚工程量清单项目设置及工程量计算规则，见表6-20。

表6-20　吊顶天棚（编码：011302）

项目编码	项目名称	项目特征	计量单位	工程量计算规则	工程内容
011302001	吊顶天棚	1. 吊顶形式、吊杆规格、高度 2. 龙骨材料种类、规格、中距 3. 基层材料种类、规格 4. 面层材料品种、规格 5. 压条材料种类、规格 6. 嵌缝材料种类 7. 防护材料种类		按设计图示尺寸以水平投影面积计算。天棚面中的灯槽及跌级、锯齿形、吊挂式、藻井式天棚面积不展开计算。不扣除间壁墙、检查口、附墙烟囱、柱垛和管道所占面积，扣除单个大于 0.3m² 的孔洞、独立柱及与天棚相连的窗帘盒所占的面积	1. 基层清理、吊杆安装 2. 龙骨安装 3. 基层板铺贴 4. 面层铺贴 5. 嵌缝 6. 刷防护材料
011302002	格栅吊顶	1. 龙骨材料种类、规格、中距 2. 基层材料种类、规格 3. 面层材料品种、规格 4. 防护材料种类	m²	按设计图示尺寸以水平投影面积计算	1. 基层清理 2. 安装龙骨 3. 基层板铺贴 4. 面层铺贴 5. 刷防护材料
011302003	吊筒吊顶	1. 吊筒形状、规格 2. 吊筒材料种类 3. 防护材料种类			1. 基层清理 2. 吊筒制作安装 3. 刷防护材料
011302004	藤条造型悬挂吊顶	1. 骨架材料种类、规格 2. 面层材料品种、规格			1. 基层清理 2. 龙骨安装 3. 铺贴面层
011302005	织物软雕吊顶				
011302006	装饰网架吊顶	网架材料品种、规格			1. 基层清理 2. 网架制作安装

3）采光天棚工程量清单项目设置及工程量计算规则，见表6-21。

表6-21　采光天棚（编码：011303）

项目编码	项目名称	项目特征	计量单位	工程量计算规则	工程内容
011303001	采光天棚	1. 骨架类型 2. 固定类型、固定材料品种、规格 3. 面层材料品种、规格 4. 嵌缝、塞口材料种类	m²	按框外围展开面积计算	1. 清理基层 2. 面层制作安装 3. 嵌缝、塞口 4. 清洗

4）天棚其他装饰工程量清单项目设置及工程量计算规则，见表6-22。

表6-22　天棚其他装饰（编码：011304）

项目编码	项目名称	项目特征	计量单位	工程量计算规则	工程内容
011304001	灯带（槽）	1. 灯带形式、尺寸 2. 格栅片材料品种、规格 3. 安装固定方式	m²	按设计图示尺寸以框外围面积计算	安装、固定
011304002	送风口、回风口	1. 风口材料品种、规格 2. 安装固定方式 3. 防护材料种类	个	按设计图示数量计算	1. 安装、固定 2. 刷防护材料

二、工程量计算实例

某钢筋混凝土天棚如图6-3所示。已知板厚100mm，试计算其天棚抹灰工程量。

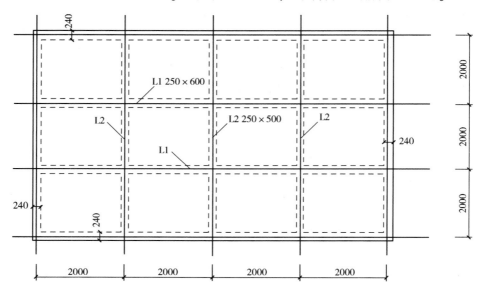

图6-3　某钢筋混凝土天棚示意图

【错误答案】

解：（1）定额工程量：

主墙间净面积 $= (2.0 \times 4 - 0.24) \times (2.0 \times 3 - 0.24) \text{m}^2 = 44.70 \text{m}^2$

L1的侧面抹灰面积 $= (2 \times 4 - 0.24 - 0.25 \times 3) \times 0.6 \times 6 \text{m}^2 = 25.24 \text{m}^2$

L2的侧面抹灰面积 $= (2 \times 3 - 0.24 - 0.25 \times 2) \times 0.6 \times 8 = 25.25 \text{m}^2$

天棚抹灰工程量 = 主墙间净面积 + L1、L2的侧面抹灰面积

$= (44.70 + 25.24 + 25.25) \text{m}^2 = 95.19 \text{m}^2$

（2）清单工程量：清单工程量同定额工程量。

【正确答案】

解：（1）定额工程量：

主墙间净面积 $= (2.0 \times 4 - 0.24) \times (2.0 \times 3 - 0.24) \text{m}^2 = 44.70 \text{m}^2$

L1的侧面抹灰面积 $= \{[(2.0 - 0.12 - 0.125) \times 2 + (2.0 - 0.125 \times 2) \times 2] \times (0.6 - 0.1) \times 2 \times$

$2 + 0.1 \times 0.25 \times 3 \times 2 \times 2\} \text{m}^2 = 14.32 \text{m}^2$

L2 的侧面抹灰面积 $= [(2 - 0.12 - 0.125) \times 2 + (2 - 0.125 \times 2)] \times (0.5 - 0.1) \times 2 \times 3 \text{m}^2$

$= 12.63 \text{m}^2$

天棚抹灰工程量 = 主墙间净面积 + L1、L2 的侧面抹灰面积

$= (44.70 + 14.32 + 12.63) \text{m}^2 = 71.65 \text{m}^2$

（2）清单工程量：清单工程量同定额工程量。

第四节　油漆、涂料、裱糊工程工程量计算

一、工程量计算规则

1. 定额工程量计算规则

1）楼地面、天棚、墙、柱、梁面的喷（刷）涂料、抹灰面油漆及裱糊工程，均按表 6-23 ～表 6-27 相应的计算规则计算。

①木材面油漆定额工程量系数见表 6-23 ～表 6-26。

表 6-23　木门定额工程量系数

项目名称	系数	工程量计算方法
单层木门	1.00	按单面洞口面积计算
双层（一玻一纱）木门	1.36	
双层（单裁口）木门	2.00	
单层全玻门	0.83	
木百叶门	1.25	

表 6-24　木窗定额工程量系数

项目名称	系数	工程量计算方法
单层玻璃窗	1.00	按单面洞口面积计算
双层（一玻一纱）木窗	1.36	
双层框扇（单裁口）木窗	2.00	
双层框三层（二玻一纱）木窗	2.60	
单层组合窗	0.83	
双层组合窗	1.13	
木百叶窗	1.50	

表 6-25　木扶手定额工程量系数

项目名称	系数	工程量计算方法
木扶手（不带托板）	1.00	按延长米计算
木扶手（带托板）	2.60	
窗帘盒	2.04	
封檐板、顺水板	1.74	
挂衣板、黑板框、单独木线条 100mm 以外	0.52	
挂镜线、窗帘棍、单独木线条 100mm 以内	0.35	

表 6-26　其他木材面定额工程量系数

项目名称	系数	工程量计算方法
木板、纤维板、胶合板天棚	1.00	长×宽
木护墙、木墙裙	1.00	
窗台板、筒子板、盖板、门窗套、踢脚线	1.00	
清水板条天棚、檐口	1.07	
木方格吊顶天棚	1.20	
吸声板墙面、天棚面	0.87	
暖气罩	1.28	
木间壁、木隔断	1.90	单面外围面积
玻璃间壁露明墙筋	1.65	
木棚栏、木栏杆（带扶手）	1.82	
衣柜、壁柜	1.00	按实刷展开面积
零星木装修	1.10	展开面积
梁柱饰面	1.00	展开面积

②抹灰面油漆、涂料、裱糊定额工程量系数见表 6-27。

表 6-27　抹灰面油漆、涂料、裱糊定额工程量系数

项目名称	系数	工程量计算方法
混凝土楼梯底（板式）	1.15	水平投影面积
混凝土楼梯底（梁式）	1.00	展开面积
混凝土花格窗、栏杆花饰	1.82	单面外围面积
楼地面、天棚、墙、柱、梁面	1.00	展开面积

2）木材面的工程量分别按附表相应的计算规则计算。

3）金属构件油漆的工程量按构件重量计算。

4）定额中的隔墙、护壁、柱、天棚木龙骨及木地板中木龙骨带毛地板，刷防火涂料工程量计算规则如下：

①隔墙、护壁木龙骨按其面层正立面投影面积计算。

②柱木龙骨按其面层外围面积计算。

③天棚木龙骨按其水平投影面积计算。

④木地板中木龙骨及木龙骨带毛地板按地板面积计算。

5）隔墙、护壁、柱、天棚面层及木地板刷防火涂料，执行其他木材面刷防火涂料相应子目。

6）木楼梯（不包括底面）油漆，按水平投影面积乘以系数 2.3，执行木地板相应子目。

2. 清单计价工程量计算规则

1）门油漆工程量清单项目设置及工程量计算规则，见表 6-28。

表6-28　门油漆（编码：011401）

项目编码	项目名称	项目特征	计量单位	工程量计算规则	工程内容
011401001	木门油漆	1. 门类型 2. 门代号及洞口尺寸 3. 腻子种类 4. 刮腻子遍数 5. 防护材料种类 6. 油漆品种、刷漆遍数	1. 樘 2. m²	1. 以樘计量，按设计图示数量计量 2. 以 m² 计量，按设计图示洞口尺寸以面积计算	1. 基层清理 2. 刮腻子 3. 刷防护材料、油漆
011401002	金属门油漆				1. 除锈、基层清理 2. 刮腻子 3. 刷防护材料、油漆

2）窗油漆工程量清单项目设置及工程量计算规则，见表6-29。

表6-29　窗油漆（编码：011402）

项目编码	项目名称	项目特征	计量单位	工程量计算规则	工程内容
011402001	木窗油漆	1. 窗类型 2. 窗代号及洞口尺寸 3. 腻子种类 4. 刮腻子遍数 5. 防护材料种类 6. 油漆品种、刷漆遍数	1. 樘 2. m²	1. 以樘计量，按设计图示数量计量 2. 以 m² 计量，按设计图示洞口尺寸以面积计算	1. 基层清理 2. 刮腻子 3. 刷防护材料、油漆
011402002	金属窗油漆				1. 除锈、基层清理 2. 刮腻子 3. 刷防护材料、油漆

3）木扶手及其他板条、线条油漆工程量清单项目设置及工程量计算规则，见表6-30。

表6-30　木扶手及其他板条、线条油漆（编码：011403）

项目编码	项目名称	项目特征	计量单位	工程量计算规则	工程内容
011403001	木扶手油漆	1. 断面尺寸 2. 腻子种类 3. 刮腻子遍数 4. 防护材料种类 5. 油漆品种、刷漆遍数	m	按设计图示尺寸以长度计算	1. 基层清理 2. 刮腻子 3. 刷防护材料、油漆
011403002	窗帘盒油漆				
011403003	封檐板、顺水板油漆				
011403004	挂衣板、黑板框油漆				
011403005	挂镜线、窗帘棍、单独木线油漆				

4）木材面油漆工程量清单项目设置及工程量计算规则，见表6-31。

表 6-31　木材面油漆（编码：011404）

项目编码	项目名称	项目特征	计量单位	工程量计算规则	工程内容
011404001	木护墙、木墙裙油漆	1. 腻子种类 2. 刮腻子遍数 3. 防护材料种类 4. 油漆品种、刷漆遍数	m²	按设计图示尺寸以面积计算	1. 基层清理 2. 刮腻子 3. 刷防护材料、油漆
011404002	窗台板、筒子板、盖板、门窗套、踢脚线油漆				
011404003	清水板条天棚、檐口油漆				
011404004	木方格吊顶天棚油漆				
011404005	吸声板墙面、天棚面油漆				
011404006	散热器罩油漆				
011404007	其他木材面				
011404008	木间壁、木隔断油漆			按设计图示尺寸以单面外围面积计算	
011404009	玻璃间壁露明墙筋油漆				
011404010	木栅栏、木栏杆（带扶手）油漆				
011404011	衣柜、壁柜油漆			按设计图示尺寸以油漆部分展开面积计算	
011404012	梁柱饰面油漆				
011404013	零星木装修油漆				
011404014	木地板油漆			按设计图示尺寸以面积计算：空洞、空圈、散热器包槽、壁龛的开口部分并入相应的工程量内	
011404015	木地板烫硬蜡面	1. 硬蜡品种 2. 面层处理要求			1. 基层清理 2. 烫蜡

5）金属面油漆工程量清单项目设置及工程量计算规则，见表 6-32。

表 6-32　金属面油漆（编码：011405）

项目编码	项目名称	项目特征	计量单位	工程量计算规则	工程内容
011405001	金属面油漆	1. 构件名称 2. 腻子种类 3. 刮腻子要求 4. 防护材料种类 5. 油漆品种、刷漆遍数	1. t 2. m²	1. 以 t 计量，按设计图示尺寸以质量计算 2. 以 m² 计量，按设计展开面积计算	1. 基层清理 2. 刮腻子 3. 刷防护材料、油漆

6）抹灰面油漆工程量清单项目设置及工程量计算规则，见表 6-33。

表 6-33　抹灰面油漆（编码：011406）

项目编码	项目名称	项目特征	计量单位	工程量计算规则	工程内容
011406001	抹灰面油漆	1. 基层类型 2. 腻子种类 3. 刮腻子遍数 4. 防护材料种类 5. 油漆品种、刷漆遍数 6. 部位	m²	按设计图示尺寸以面积计算	1. 基层清理 2. 刮腻子 3. 刷防护材料、油漆
011406002	抹灰线条油漆	1. 线条宽度、道数 2. 腻子种类 3. 刮腻子遍数 4. 防护材料种类 5. 油漆品种、刷漆遍数	m	按设计图示尺寸以长度计算	
011406003	满刮腻子	1. 基层类型 2. 腻子种类 3. 刮腻子遍数	m²	按设计图示尺寸以面积计算	1. 基层清理 2. 刮腻子

7）喷刷涂料工程量清单项目设置及工程量计算规则，见表 6-34。

表 6-34　喷刷涂料（编码：011407）

项目编码	项目名称	项目特征	计量单位	工程量计算规则	工程内容
011407001	墙面喷刷涂料	1. 基层类型 2. 喷刷涂料部位 3. 腻子种类 4. 刮腻子种类 5. 涂料品种、喷刷遍数	m²	按设计图示尺寸以面积计算	1. 基层清理 2. 刮腻子 3. 刷、喷涂料
011407002	天棚喷刷涂料				
011407003	空花格、栏杆刷涂料	1. 腻子种类 2. 刮腻子遍数 3. 涂料品种、刷喷遍数		按设计图示尺寸以单面外围面积计算	
011407004	线条刷涂料	1. 基层清理 2. 线条宽度 3. 刮腻子遍数 4. 刷防护材料、油漆	m	按设计图示尺寸以长度计算	

（续）

项目编码	项目名称	项目特征	计量单位	工程量计算规则	工程内容
011407005	金属构件刷防火涂料	1. 喷刷防火涂料构件名称 2. 防火等级要求 3. 涂料品种、喷刷遍数	1. t 2. m²	1. 以 t 计量，按设计图示尺寸以质量计算 2. 以 m² 计量，按设计展开面积计算	1. 基层清理 2. 刷防护材料、油漆
011407006	木材构件喷刷防火涂料		m²	以 m² 计量，按设计图示尺寸以面积计算	1. 基层清理 2. 刷防火材料

8）裱糊工程量清单项目设置及工程量计算规则，见表6-35。

表6-35　裱糊（编码：011408）

项目编码	项目名称	项目特征	计量单位	工程量计算规则	工程内容
011408001	墙纸裱糊	1. 基层类型 2. 裱糊部位 3. 腻子种类 4. 刮腻子遍数 5. 粘结材料种类 6. 防护材料种类 7. 面层材料品种、规格、颜色	m²	按设计图示尺寸以面积计算	1. 基层清理 2. 刮腻子 3. 面层铺粘 4. 刷防护材料
011408002	织锦缎裱糊				

二、工程量计算实例

某工程喷有油漆的木质推拉门，其构造尺寸如图6-4所示，该工程共有14个这样的木质门喷油漆，试计算木质推拉门的油漆工程量。

【错误答案】

解：（1）定额工程量：

木门油漆的工程量：$(1.8 \times 2.4 \times 2 \times 14)$ m² = 120.96m²

（2）清单工程量：清单工程量同定额工程量。

【正确答案】

解：（1）定额工程量：

木门油漆的工程量 = $(1.8 \times 2.4 \times 14)$ m² = 60.48m²

（2）清单工程量：清单工程量同定额工程量。

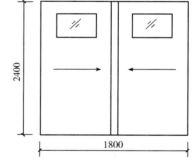

图6-4　木质推拉门构造尺寸

第五节　门窗工程工程量计算

一、工程量计算规则

1. 定额工程量计算规则

1）铝合金门窗、彩板组角门窗、塑钢门窗安装均按洞口面积以 m² 计算。纱扇制作安装按扇外围面积计算。

2）卷闸门安装按其安装高度乘以门的实际宽度以 m² 计算。安装高度算至滚筒顶点为准。带卷筒罩的按展开面积增加。电动装置安装以套计算，小门安装以个计算，小门面积不扣除。

3）防盗门、防盗窗、不锈钢格栅门按框外围面积以 m² 计算。

4）成品防火门以框外围面积计算，防火卷帘门从地（楼）面算至端板顶点乘以设计宽度。

5）实木门框制作安装以延长米计算。实木门扇制作安装及装饰门扇制作按扇外围面积计算。装饰门扇及成品门扇安装按扇计算。

6）木门扇皮制隔声面层和装饰板隔声面层，按单面面积计算。

7）不锈钢板包门框、门窗套、花岗石门套、门窗筒子板按展开面积计算。门窗贴脸、窗帘盒、窗帘轨按延长米计算。

8）窗台板按实铺面积计算。

9）电子感应门及转门按定额尺寸以樘计算。

10）不锈钢电动伸缩门以樘计算。

2. 清单计价工程量计算规则

1）木门工程量清单项目设置及工程量计算规则，见表 6-36。

表 6-36　木门（编码：010801）

项目编码	项目名称	项目特征	计量单位	工程量计算规则	工程内容
010801001	木质门	1. 门代号及洞口尺寸 2. 镶嵌玻璃品种、厚度	1. 樘 2. m²	1. 以樘计量，按设计图示数量计算 2. 以 m² 计量，按设计图示洞口尺寸以面积计算	1. 门安装 2. 玻璃安装 3. 五金安装
010801002	木质门带套				
010801003	木质连窗门				
010801004	木质防火门				
010801005	木门框	1. 门代号及洞口尺寸 2. 框截面尺寸 3. 防护材料种类	1. 樘 2. m	1. 以樘计量，按设计图示数量计算 2. 以 m 计量，按设计图示框的中心线以延长米计算	1. 木门框制作、安装 2. 运输 3. 刷防护材料
010801006	门锁安装	1. 锁品种 2. 锁规格	个（套）	按设计图示数量计算	安装

2）金属门工程量清单项目设置及工程量计算规则，见表 6-37。

表 6-37　金属门（编码：010802）

项目编码	项目名称	项目特征	计量单位	工程量计算规则	工程内容
010802001	金属（塑钢）门	1. 门代号及洞口尺寸 2. 门框或扇外围尺寸 3. 门框、扇材质 4. 玻璃品种、厚度	1. 樘 2. m²	1. 以樘计量，按设计图示数量计算 2. 以 m² 计量，按设计图示洞口尺寸以面积计算	1. 门安装 2. 五金安装 3. 玻璃安装
010802002	彩板门	1. 门代号及洞口尺寸 2. 门框或扇外围尺寸			
010802003	钢质防火门	1. 门代号及洞口尺寸 2. 门框或扇外围尺寸 3. 门框、扇材质			1. 门安装 2. 五金安装
010802004	防盗门				

3）金属卷帘（闸）门工程量清单项目设置及工程量计算规则，见表6-38。

表6-38　金属卷帘（闸）门（编码：010803）

项目编码	项目名称	项目特征	计量单位	工程量计算规则	工程内容
010803001	金属卷帘（闸）门	1. 门代号及洞口尺寸 2. 门材质 3. 启动装置品种、规格	1. 樘 2. m²	1. 以樘计量，按设计图示数量计算 2. 以m²计量，按设计图示洞口尺寸以面积计算	1. 门运输、安装 2. 启动装置、活动小门、五金安装
010803002	防火卷帘（闸）门				

4）厂库房大门、特种门工程量清单项目设置及工程量计算规则，见表6-39。

表6-39　厂库房大门、特种门（编码：010804）

项目编码	项目名称	项目特征	计量单位	工程量计算规则	工程内容
010804001	木板大门	1. 门代号及洞口尺寸 2. 门框或扇外围尺寸 3. 门框、扇材质 4. 五金种类、规格 5. 防护材料种类	1. 樘 2. m²	1. 以樘计量，按设计图示数量计算 2. 以m²计量，按设计图示洞口尺寸以面积计算	1. 门（骨架）制作、运输 2. 门、五金配件安装 3. 刷防护涂料
010804002	钢木大门				
010804003	金钢板大门		1. 以樘计量，按设计图示数量计算 2. 以m²计量，按设计图示门框或扇以面积计算	
010804004	防护钢丝门			
010804005	金属格栅门	1. 门代号及洞口尺寸 2. 门框或扇外围尺寸 3. 门框、扇材质 4. 启动装置的品种、规格	1. 以樘计量，按设计图示数量计算 2. 以m²计量，按设计图示洞口尺寸以面积计算	1. 门安装 2. 启动装置、五金配件安装
010804006	钢质花饰大门	1. 门代号及洞口尺寸 2. 门框或扇外围尺寸 3. 门框、扇材质	1. 以樘计量，按设计图示数量计算 2. 以m²计量，按设计图示门框或扇以面积计算	1. 门安装 2. 五金配件安装
010804007	特种门		1. 以樘计量，按设计图示数量计算 2. 以m²计量，按设计图示洞口尺寸以面积计算	

5）其他门工程量清单项目设置及工程量计算规则，见表6-40。

表 6-40　其他门（编码：010805）

项目编码	项目名称	项目特征	计量单位	工程量计算规则	工程内容
010805001	电子感应门	1. 门代号及洞口尺寸 2. 门框或扇外围尺寸	1. 樘 2. m²	1. 以樘计量，按设计图示数量计量 2. 以 m² 计量，按设计图示洞口尺寸以面积计算	1. 门安装 2. 启动装置、五金、电子配件安装
010805002	旋转门	3. 门框、扇材质 4. 玻璃品种、厚度 5. 启动装置的品种、规格 6. 电子配件品种、规格			
010805003	电子对讲门	1. 门代号及洞口尺寸 2. 门框或扇外围尺寸			
010805004	电动伸缩门	3. 门材质 4. 玻璃品种、厚度 5. 启动装置的品种、规格 6. 电子配件品种、规格			
010805005	全玻自由门	1. 门代号及洞口尺寸 2. 门框或扇外围尺寸 3. 框材质 4. 玻璃品种、厚度			1. 门安装 2. 五金安装
010805006	镜面不锈钢饰面门	1. 门代号及洞口尺寸 2. 门框或扇外围尺寸 3. 框、扇材质 4. 玻璃品种、厚度			
010805007	复合材料门				

6）木窗工程量清单项目设置及工程量计算规则，见表 6-41。

表 6-41　木窗（编码：010806）

项目编码	项目名称	项目特征	计量单位	工程量计算规则	工程内容
010806001	木质窗	1. 窗代号及洞口尺寸 2. 玻璃品种、厚度	1. 樘 2. m²	1. 以樘计量，按设计图示数量计量 2. 以 m² 计量，按设计图示洞口尺寸以面积计算	1. 窗安装 2. 五金、玻璃安装
010806002	木飘（凸）窗				
010806003	木橱窗	1. 窗代号 2. 框截面及外围展开面积 3. 玻璃品种、厚度 4. 防护材料种类		1. 以樘计量，按设计图示数量计量 2. 以 m² 计量，按设计图示尺寸以框外围展开面积计算	1. 窗制作、运输、安装 2. 五金、玻璃安装 3. 刷防护材料
010806004	木纱窗	1. 窗代号及框的外围尺寸 2. 窗纱材料品种、规格		1. 以樘计量，按设计图示数量计量 2. 以 m² 计量，按框的外围尺寸以面积计算	1. 窗安装 2. 五金安装

7）金属窗工程量清单项目设置及工程量计算规则，见表6-42。

表6-42　金属窗（编码：010807）

项目编码	项目名称	项目特征	计量单位	工程量计算规则	工程内容
010807001	金属（塑钢、断桥）窗	1. 窗代号及洞口尺寸 2. 框、扇材质 3. 玻璃品种、厚度	1. 樘 2. m²	1. 以樘计量，按设计图示数量计量 2. 以 m² 计量，按设计图示洞口尺寸以面积计算	1. 窗安装 2. 五金、玻璃安装
010807002	金属防火窗				
010807003	金属百叶窗	1. 窗代号及洞口尺寸 2. 框、扇材质 3. 玻璃品种、厚度			
010807004	金属纱窗	1. 窗代号及框的外围尺寸 2. 框材质 3. 窗纱材料品种、规格		1. 以樘计量，按设计图示数量计量 2. 以 m² 计量，按框的外围尺寸以面积计算	1. 窗安装 2. 五金安装
010807005	金属格栅窗	1. 窗代号及洞口尺寸 2. 框外围尺寸 3. 框、扇材质		1. 以樘计量，按设计图示数量计量 2. 以 m² 计量，按设计图示洞口尺寸以面积计算	
010807006	金属（塑钢、断桥）橱窗	1. 窗代号 2. 框外围展开面积 3. 框、扇材质 4. 玻璃品种、厚度 5. 防护材料种类		1. 以樘计量，按设计图示数量计量 2. 以 m² 计量，按设计图示尺寸以框外围展开面积计算	1. 窗制作、运输、安装 2. 五金、玻璃安装 3. 刷防护材料
010807007	金属（塑钢、断桥）飘（凸）窗	1. 窗代号 2. 框外围展开面积 3. 框、扇材质 4. 玻璃品种、厚度			1. 窗安装 2. 五金、玻璃安装
010807008	彩板窗	1. 窗代号及洞口尺寸 2. 框外围尺寸 3. 框、扇材质 4. 玻璃品种、厚度		1. 以樘计量，按设计图示数量计量 2. 以 m² 计量，按设计图示洞口尺寸或框外围以面积计算	
010807009	复合材料窗				

8）门窗套工程量清单项目设置及工程量计算规则，见表6-43。

表 6-43　门窗套（编码：010808）

项目编码	项目名称	项目特征	计量单位	工程量计算规则	工程内容
010808001	木门窗套	1. 窗代号及洞口尺寸 2. 门窗套展开宽度 3. 基层材料种类 4. 面层材料品种、规格 5. 线条品种、规格 6. 防护材料种类	1. 樘 2. m² 3. m	1. 以樘计量，按设计图示数量计量 2. 以 m² 计量，按设计图示尺寸以展开面积计算 3. 以 m 计量，按设计图示中心以延长米计算	1. 清理基层 2. 立筋制作、安装 3. 基层板安装 4. 面层铺贴 5. 线条安装 6. 刷防护材料
010808002	木筒子板	1. 筒子板宽度 2. 基层材料种类 3. 面层材料品种、规格 4. 线条品种、规格 5. 防护材料种类			
010808003	饰面夹板筒子板				
010808004	金属门窗套	1. 窗代号及洞口尺寸 2. 门窗套展开宽度 3. 基层材料种类 4. 面层材料品种、规格 5. 防护材料种类			1. 清理基层 2. 立筋制作、安装 3. 基层板安装 4. 面层铺贴 5. 刷防护材料
010808005	石材门窗套	1. 窗代号及洞口尺寸 2. 门窗套展开宽度 3. 粘结层厚度、砂浆配合比 4. 面层材料品种、规格 5. 线条品种、规格			1. 清理基层 2. 立筋制作、安装 3. 基层抹灰 4. 面层铺贴 5. 线条安装
010808006	门窗木贴脸	1. 门窗代号及洞口尺寸 2. 贴脸板宽度 3. 防护材料种类	1. 樘 2. m	1. 以樘计量，按设计图示数量计量 2. 以 m 计量，按设计图示尺寸以延长米计算	安装
010808007	成品木门窗套	1. 门窗代号及洞口尺寸 2. 门窗套展开宽度 3. 门窗套材料品种、规格	1. 樘 2. m² 3. m	1. 以樘计量，按设计图示数量计量 2. 以 m² 计量，按设计图示尺寸以展开面积计算 3. 以 m 计量，按设计图示中心以延长米计算	1. 清理基层 2. 立筋制作、安装 3. 板安装

9）窗台板工程量清单项目设置及工程量计算规则，见表 6-44。

表6-44　窗台板（编码：010809）

项目编码	项目名称	项目特征	计量单位	工程量计算规则	工程内容
010809001	木窗台板	1. 基层材料种类 2. 窗台面板材质、规格、颜色 3. 防护材料种类	m²	按设计图示尺寸以展开面积计算	1. 基层清理 2. 基层制作、安装 3. 窗台板制作、安装 4. 刷防护材料
010809002	铝塑窗台板				
010809003	金属窗台板				
010809004	石材窗台板	1. 粘结层厚度、砂浆配合比 2. 窗台板材质、规格、颜色			1. 基层清理 2. 抹找平层 3. 窗台板制作、安装

10）窗帘、窗帘盒、窗帘轨工程量清单项目设置及工程量计算规则，见表6-45。

表6-45　窗帘、窗帘盒、窗帘轨（编码：010810）

项目编码	项目名称	项目特征	计量单位	工程量计算规则	工程内容
010810001	窗帘	1. 窗帘材质 2. 窗帘高度、宽度 3. 窗帘层数 4. 带幔要求	1. m 2. m²	1. 以m计量，按设计图示尺寸以成活后长度计算 2. 以m²计量，按图示尺寸以成活后展开面积计算	1. 制作、运输 2. 安装
010810002	木窗帘盒	1. 窗帘盒材质、规格 2. 防护材料种类	m	按设计图示尺寸以长度计算	1. 制作、运输、安装 2. 刷防护材料
010810003	饰面夹板、塑料窗帘盒				
010810004	铝合金窗帘盒				
010810005	窗帘轨	1. 窗帘轨材质、规格 2. 轨的数量 3. 防护材料种类			

二、工程量计算实例

某住宅楼防盗门的门洞，其构造尺寸如图6-5所示，该住宅楼共有12樘这样的防盗门，试计算防盗门的工程量。

解：（1）定额工程量：防盗门的工程量 =（1.2×2.4×12）m² = 34.56m²

（2）清单工程量：防盗门的工程量是12樘，或同定额工程量为34.56m²。

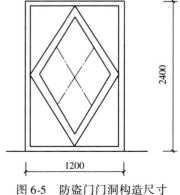

图6-5　防盗门门洞构造尺寸

<table>
<tr><td>第六节</td><td>其他工程工程量计算</td></tr>
</table>

一、工程量计算规则

1. 定额工程量计算规则

1）招牌、灯箱。

①平面招牌基层按正立面面积计算，复杂形的凹凸造型部分也不增减。

②沿雨篷、檐口或阳台走向的立式招牌基层，按平面招牌复杂型执行时，应按展开面积计算。

③箱体招牌和竖式标箱的基层，按外围体积计算。凸出箱外的灯饰、店徽及其他艺术装潢等均另行计算。

④灯箱的面层按展开面积以 m^2 计算。

⑤广告牌钢骨架以 t 计算。

2）美术字安装按字的最大外围矩形面积以个计算。

3）压条、装饰线条均按延长米计算。

4）散热器罩（包括脚的高度在内）按边框外围尺寸垂直投影面积计算。

5）镜面玻璃安装、盥洗室木镜箱以正立面面积计算。

6）塑料镜箱、毛巾环、肥皂盒、金属帘子杆、浴缸拉手、毛巾杆安装以只或副计算。不锈钢旗杆以延长米计算。大理石洗漱台以台面投影面积计算（不扣除孔洞面积）。

7）货架、柜橱类均以正立面的高（包括脚的高度在内）乘以宽以 m^2 计算。

8）收银台、试衣间等以个计算，其他以延长米为单位计算。

9）拆除工程量按拆除面积或长度计算，执行相应子目。

2. 清单计价工程量计算规则

1）柜类、货架工程量清单项目设置及工程量计算规则，见表6-46。

表6-46　柜类、货架（编码：011501）

项目编码	项目名称	项目特征	计量单位	工程量计算规则	工程内容
011501001	柜台	1. 台柜规格 2. 材料种类、规格 3. 五金种类、规格 4. 防护材料种类 5. 油漆品种、刷漆遍数	1. 个 2. m 3. m³	1. 以个计量，按设计图示数量计量 2. 以 m 计量，按设计图示尺寸以延长米计算 3. 以 m³ 计量，按设计图示尺寸以体积计算	1. 台柜制作、运输、安装（安放） 2. 刷防护材料、油漆 3. 五金件安装
011501002	酒柜				
011501003	衣柜				
011501004	存包柜				
011501005	鞋柜				
011501006	书柜				
011501007	厨房壁柜				
011501008	木壁柜				
011501009	厨房低柜				

(续)

项目编码	项目名称	项目特征	计量单位	工程量计算规则	工程内容
011501010	厨房吊柜	1. 台柜规格 2. 材料种类、规格 3. 五金种类、规格 4. 防护材料种类 5. 油漆品种、刷漆遍数	1. 个 2. m 3. m³	1. 以个计量，按设计图示数量计算 2. 以m计量，按设计图示尺寸以延长米计算 3. 以m³计量，按设计图示尺寸以体积计算	1. 台柜制作、运输、安装（安放） 2. 刷防护材料、油漆 3. 五金件安装
011501011	矮柜				
011501012	吧台背柜				
011501013	酒吧吊柜				
011501014	酒吧台				
011501015	展台				
011501016	收银台				
011501017	试衣间				
011501018	货架				
011501019	书架				
011501020	服务台				

2）压条、装饰线工程量清单项目设置及工程量计算规则，见表6-47。

表6-47 压条、装饰线（编码：011502）

项目编码	项目名称	项目特征	计量单位	工程量计算规则	工程内容
011502001	金属装饰线	1. 基层类型 2. 线条材料品种、规格、颜色 3. 防护材料种类	m	按设计图示尺寸以长度计算	1. 线条制作、安装 2. 刷防护材料
011502002	木质装饰线				
011502003	石材装饰线				
011502004	石膏装饰线	1. 基层类型 2. 线条材料品种、规格、颜色 3. 防护材料种类			
011502005	镜面玻璃线				
011502006	铝塑装饰线				
011502007	塑料装饰线				
011502008	GRC装饰线条	1. 基层类型 2. 线条规格 3. 线条安装部位 4. 填充材料种类			线条制作安装

3）扶手、栏杆、栏板装饰工程量清单项目设置及工程量计算规则，见表6-48。

表6-48 扶手、栏杆、栏板装饰（编码：011503）

项目编码	项目名称	项目特征	计量单位	工程量计算规则	工程内容
011503001	金属扶手、栏杆、栏板	1. 扶手材料种类、规格 2. 栏杆材料种类、规格 3. 栏板材料种类、规格、颜色 4. 固定配件种类 5. 防护材料种类	m	按设计图示以扶手中心线长度（包括弯头长度）计算	1. 制作 2. 运输 3. 安装 4. 刷防护材料
011503002	硬木扶手、栏杆、栏板				
011503003	塑料扶手、栏杆、栏板				
011503004	GRC栏杆、扶手	1. 栏杆的规格 2. 安装间距 3. 扶手类型规格 4. 填充材料种类			
011503005	金属靠墙扶手	1. 扶手材料种类、规格 2. 固定配件种类 3. 防护材料种类			
011503006	硬木靠墙扶手				
011503007	塑料靠墙扶手				
011503008	玻璃栏板	1. 栏杆玻璃的种类、规格、颜色 2. 固定方式 3. 固定配件种类			

4）散热器罩工程量清单项目设置及工程量计算规则，见表6-49。

表6-49 散热器罩（编码：011504）

项目编码	项目名称	项目特征	计量单位	工程量计算规则	工程内容
011504001	饰面板散热器罩	1. 散热器罩材质 2. 防护材料种类	m^2	按设计图示尺寸以垂直投影面积（不展开）计算	1. 散热器罩制作、运输、安装 2. 刷防护材料
011504002	塑料板散热器罩				
011504003	金属散热器罩				

5）浴厕配件工程量清单项目设置及工程量计算规则，见表6-50。

表 6-50　浴厕配件（编码：011505）

项目编码	项目名称	项目特征	计量单位	工程量计算规则	工程内容
011505001	洗漱台	1. 材料品种、规格、颜色 2. 支架、配件品种、规格	1. m² 2. 个	1. 按设计图示尺寸以台面外接矩形面积计算。不扣除孔洞、挖弯、削角所占面积，挡板、吊沿板面积并入台面面积内 2. 按设计图示数量计算	1. 台面及支架运输、安装 2. 杆、环、盒、配件安装 3. 刷油漆
011505002	晒衣架				
011505003	帘子杆		个		
011505004	浴缸拉手				
011505005	卫生间扶手				
011505006	毛巾杆（架）		套	按设计图示数量计算	1. 台面及支架制作、运输、安装 2. 杆、环、盒、配件安装 3. 刷油漆
011505007	毛巾环		副		
011505008	卫生纸盒		个		
011505009	肥皂盒				
011505010	镜面玻璃	1. 镜面玻璃品种、规格 2. 框材质、断面尺寸 3. 基层材料种类 4. 防护材料种类	m²	按设计图示尺寸以边框外围面积计算	1. 基层安装 2. 玻璃及框制作、运输、安装
011505011	镜箱	1. 箱体材质、规格 2. 玻璃品种、规格 3. 基层材料种类 4. 防护材料种类 5. 油漆品种、刷漆遍数	个	按设计图示数量计算	1. 基层安装 2. 箱体制作、运输、安装 3. 玻璃安装 4. 刷防护材料、油漆

6）雨篷、旗杆工程量清单项目设置及工程量计算规则，见表 6-51。

表 6-51　雨篷、旗杆（编码：011506）

项目编码	项目名称	项目特征	计量单位	工程量计算规则	工程内容
011506001	雨篷吊挂饰面	1. 基层类型 2. 龙骨材料种类、规格、中距 3. 面层材料品种、规格 4. 吊顶（天棚）材料品种、规格 5. 嵌缝材料种类 6. 防护材料种类	m²	按设计图示尺寸以水平投影面积计算	1. 底层抹灰 2. 龙骨基层安装 3. 面层安装 4. 刷防护材料、油漆

（续）

项目编码	项目名称	项目特征	计量单位	工程量计算规则	工程内容
011506002	金属旗杆	1. 旗杆材料、种类、规格 2. 旗杆高度 3. 基础材料种类 4. 基座材料种类 5. 基座面层材料、种类、规格	根	按设计图示数量计算	1. 土石挖、填、运 2. 基础混凝土浇筑 3. 旗杆制作、安装 4. 旗杆台座制作、饰面
011506003	玻璃雨篷	1. 玻璃雨篷固定方式 2. 龙骨材料种类、规格、中距 3. 玻璃材料品种、规格 4. 嵌缝材料种类 5. 防护材料种类	m²	按设计图示尺寸以水平投影面积计算	1. 龙骨基层安装 2. 面层安装 3. 刷防护材料、油漆

7）招牌、灯箱工程量清单项目设置及工程量计算规则，见表6-52。

表6-52　招牌、灯箱（编码：011507）

项目编码	项目名称	项目特征	计量单位	工程量计算规则	工程内容
011507001	平面、箱式招牌	1. 箱体规格 2. 基层材料种类 3. 面层材料种类 4. 防护材料种类	m²	按设计图示尺寸以正立面边框外围面积计算。复杂形的凸凹造型部分不增加面积	1. 基层安装 2. 箱体及支架制作、运输、安装 3. 面层制作、安装 4. 刷防护材料、油漆
011507002	竖式标箱				
011507003	灯箱				
011507004	信报箱	1. 箱体规格 2. 基层材料种类 3. 面层材料种类 4. 保护材料种类 5. 户数	个	按设计图示数量计算	

8）美术字工程量清单项目设置及工程量计算规则，见表6-53。

表6-53　美术字（编码：011508）

项目编码	项目名称	项目特征	计量单位	工程量计算规则	工程内容
011508001	泡沫塑料字	1. 基层类型 2. 镶字材料品种、颜色 3. 字体规格 4. 固定方式 5. 油漆品种、刷漆遍数	个	按设计图示数量计算	1. 字制作、运输、安装 2. 刷油漆
011508002	有机玻璃字				
011508003	木质字				
011508004	金属字				
011508005	吸塑字				

二、工程量计算实例

某商场饰品店货架示意图如图 6-6 所示，该商场共有这样的货架 240 个，试计算货架的工程量。

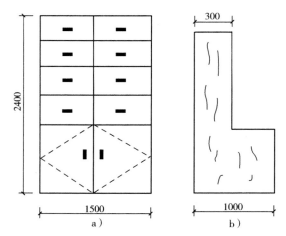

图 6-6　某商场饰品店货架示意图
a）正立面　b）侧立面

【错误答案】

解：（1）定额工程量：货架的工程量 = $(2.4 \times 1.5 \times 1 \times 240) \, m^3 = 864 m^3$

（2）清单工程量：货架的工程量 = $(2.4 \times 1.5 \times 240) \, m^2 = 864 m^2$。

【正确答案】

解：（1）定额工程量：货架的工程量 = $(2.4 \times 1.5 \times 240) \, m^2 = 864 m^2$

（2）清单工程量：货架的工程量是 240 个。

第七章 装饰装修工程定额计价

第一节 装饰装修工程定额概述

一、装饰装修工程定额的概念

装饰装修工程定额是指在正常的施工生产条件下，用科学方法制订出生产质量合格的单位建筑产品所需要消耗的劳动力、材料和机械台班等的数量标准。

二、装饰装修工程定额的分类

装饰装修工程定额的分类如图 7-1 所示。

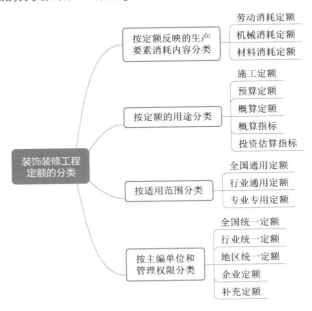

图 7-1　装饰装修工程定额的分类

三、装饰装修工程定额的特点

装饰装修工程定额的特点如图 7-2 所示。

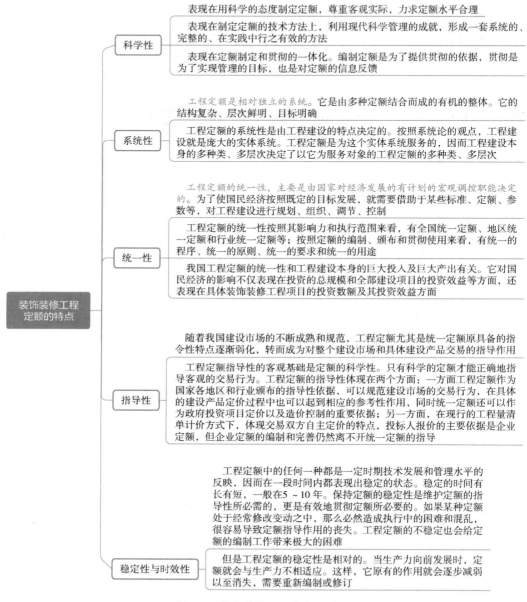

科学性
- 表现在用科学的态度制定定额，尊重客观实际，力求定额水平合理
- 表现在制定定额的技术方法上，利用现代科学管理的成就，形成一套系统的、完整的、在实践中行之有效的方法
- 表现在定额制定和贯彻的一体化。编制定额是为了提供贯彻的依据，贯彻是为了实现管理的目标，也是对定额的信息反馈

系统性
- 工程定额是相对独立的系统。它是由多种定额结合而成的有机的整体。它的结构复杂、层次鲜明、目标明确
- 工程定额的系统性是由工程建设的特点决定的。按照系统论的观点，工程建设就是庞大的实体系统。工程定额是为这个实体系统服务的，因而工程建设本身的多种类、多层次决定了以它为服务对象的工程定额的多种类、多层次

统一性
- 工程定额的统一性，主要是由国家对经济发展的有计划的宏观调控职能决定的。为了使国民经济按照既定的目标发展，就需要借助于某些标准、定额、参数等，对工程建设进行规划、组织、调节、控制
- 工程定额的统一性按照其影响力和执行范围来看，有全国统一定额、地区统一定额和行业统一定额等；按照定额的编制、颁布和贯彻使用来看，有统一的程序、统一的原则、统一的要求和统一的用途
- 我国工程定额的统一性和工程建设本身的巨大投入及巨大产出有关。它对国民经济的影响不仅表现在投资的总规模和全部建设项目的投资效益等方面，还表现在具体装饰装修工程项目的投资数额及其投资效益方面

指导性
- 随着我国建设市场的不断成熟和规范，工程定额尤其是统一定额原具备的指令性特点逐渐弱化，转而成为对整个建设市场和具体建设产品交易的指导作用
- 工程定额指导性的客观基础是定额的科学性。只有科学的定额才能正确地指导客观的交易行为。工程定额的指导性体现在两个方面：一方面工程定额作为国家各地区和行业颁布的指导性依据，可以规范建设市场的交易行为，在具体的建设产品定价过程中也可以起到相应的参考性作用，同时统一定额还可以作为政府投资项目定价以及造价控制的重要依据；另一方面，在现行的工程量清单计价方式下，体现交易双方自主定价的特点，投标人报价的主要依据是企业定额，但企业定额的编制和完善仍然离不开统一定额的指导

稳定性与时效性
- 工程定额中的任何一种都是一定时期技术发展和管理水平的反映，因而在一段时间内都表现出稳定的状态。稳定的时间有长有短，一般在5~10年。保持定额的稳定性是维护定额的指导性所必需的，更是有效地贯彻定额所必要的。如果某种定额处于经常修改变动之中，那么必然造成执行中的困难和混乱，很容易导致定额指导作用的丧失。工程定额的不稳定也会给定额的编制工作带来极大的困难
- 但是工程定额的稳定性是相对的。当生产力向前发展时，定额就会与生产力不相适应。这样，它原有的作用就会逐步减弱以至消失，需要重新编制或修订

左侧节点：装饰装修工程定额的特点

图 7-2 装饰装修工程定额的特点

四、工程定额计价的基本程序

我国在很长一段时间内采用单一的工程定额计价模式形成工程价格，即按预算定额规定的分

部分项子目，逐项计算工程量，套用预算定额单价（或单位估价表）确定直接工程费，然后按规定的取费标准确定措施费、间接费、利润和税金，加上材料调差系数和适当的不可预见费，经汇总后即为工程预算或标底，而标底则作为评标定标的主要依据。

　　以预算定额单价法确定工程造价，是我国采用的一种与计划经济相适应的工程造价管理制度。工程定额计价模式实际上是国家通过颁布统一的计价定额或指标，对装饰装修产品价格进行有计划的管理。国家以假定的装饰装修产品为对象，编制统一的预算和概算定额，计算出每一单元子项的费用后，再综合形成整个工程的价格。装饰装修工程造价定额计价程序如图7-3所示。

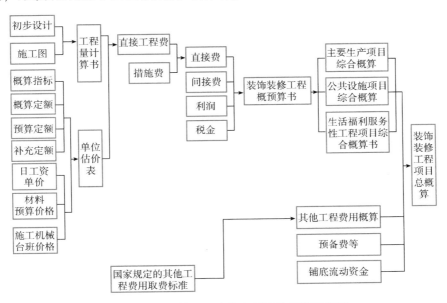

图 7-3　装饰装修工程造价定额计价程序示意图

　　从图7-3中可以看出，编制装饰装修工程造价最基本的过程有两个，即工程量计算和工程计价。为统一口径，工程量的计算均按照统一的项目划分和工程量计算规则计算。工程量确定以后，就可以按照一定的方法确定工程的成本及盈利，最终就可以确定工程预算造价（或投标报价）。定额计价方法的特点就是量与价的结合。概预算的单位价格的形成过程，就是依据概预算定额所确定的消耗量乘以定额单价或市场价，经过不同层次的计算达到量与价的最优结合过程。

第二节　装饰装修工程预算定额的组成和应用

一、装饰装修工程预算定额的组成

　　装饰装修工程预算定额的组成如图7-4所示。

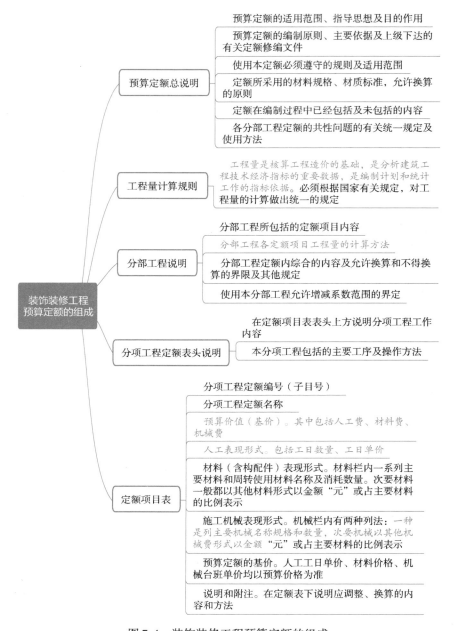

图 7-4　装饰装修工程预算定额的组成

二、装饰装修工程预算定额的应用

1. 定额直接套用

1）在实际施工内容与定额内容完全一致的情况下，定额可以直接套用。

2）套用预算定额的注意事项如图 7-5 所示。

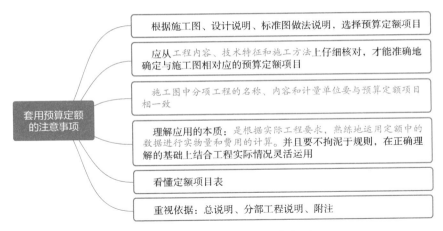

图 7-5　套用预算定额的注意事项

2. 定额的换算

在实际施工内容与定额内容不完全一致的情况下，并且定额规定必须进行调整时需看清楚说明及备注，定额必须换算，使换算以后的内容与实际施工内容完全一致。在子目定额编号的尾部加一"换"字。

换算后的定额基价 = 原定额基价 + 调整费用（换入的费用 – 换出的费用）

= 原定额基价 + 调整费用（增加的费用 – 扣除的费用）

3. 换算的类型

换算的类型包括价差换算、量差换算、量价差混合换算、乘系数等其他换算。

第三节　装饰装修工程定额的编制

一、预算定额的编制

1. 预算定额的编制原则、依据和步骤

（1）预算定额的编制原则　为保证预算定额的质量，充分发挥预算定额的作用，使其实际使用简便，在编制工作中应遵循以下原则：

1）简明适用的原则。简明适用，一是指在编制预算定额时，对于那些主要的、常用的、价值量大的项目，分项工程划分宜细；次要的、不常用的、价值量相对较小的项目则可以划分得粗一些。二是指预算定额要项目齐全，要注意补充那些因采用新技术、新结构、新材料而出现的新的定额项目；如果项目不全，缺项多，就会使计价工作缺少充足的可靠的依据。三是要求合理确定预算定额的计算单位，简化工程量的计算，尽可能地避免同一种材料用不同的计量单位和一量多用，尽量减少定额附注和换算系数。

2）按社会平均水平确定预算定额的原则。预算定额是确定和控制建筑安装工程造价的主要依据。因此，它必须遵照价值规律的客观要求，即按生产过程中所消耗的社会必要劳动时间确定

定额水平。所以预算定额的平均水平，是在正常的施工条件下，合理的施工组织和工艺条件、平均劳动熟练程度和劳动强度下，完成单位分项工程基本构造要素所需要的劳动时间。

（2）预算定额的编制依据　如图7-6所示。

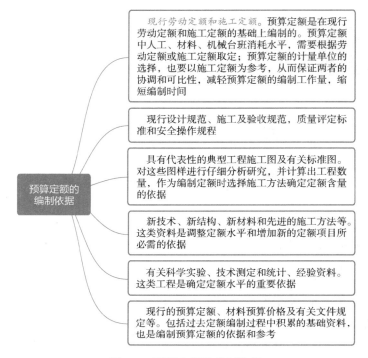

图7-6　预算定额的编制依据

（3）预算定额的编制步骤　预算定额的编制，大致可以分为准备工作、收集资料、编制定额、报批和修改定稿五个阶段。各阶段工作相互有交叉，有些工作还要多次反复进行。其中，预算定额编制阶段的主要工作如图7-7所示。

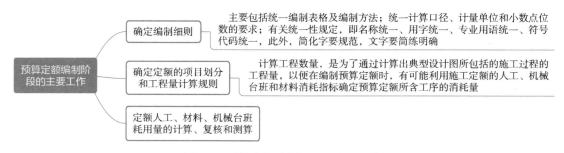

图7-7　预算定额编制阶段的主要工作

2. 预算定额消耗量的编制方法

（1）预算定额中人工工日消耗量的计算　人工的工日数分为两种确定方法：其一是以劳动定额为基础确定；其二是以现场观察测定资料为基础计算，主要用于遇到劳动定额缺项时，采用现场工作日写实等测时方法测定和计算定额的人工耗用量。

预算定额中人工工日消耗量是指在正常施工条件下，生产单位合格产品所必须消耗的人工工日数量，是由分项工程所综合的各个工序劳动定额包括的基本用工、其他用工两部分组成的。

1）基本用工。基本用工是指完成一定计量单位的分项工程或结构构件的各项工作过程的施工任务所必须消耗的技术工种用工。按技术工种相应劳动定额工时定额计算，以不同工种列出定额工日。基本用工包括：

① 完成定额计量单位的主要用工。按综合取定的工程量和相应劳动定额进行计算，其计算公式为

$$完成定额计量单位的主要用工 = \sum （综合取定的工程量 \times 劳动定额）$$

② 按劳动定额规定应增（减）计算的用工量。

2）其他用工。

① 超运距用工。超运距是指劳动定额中已包括的材料、半成品场内水平搬运距离与预算定额所考虑的现场材料、半成品堆放地点到操作地点的水平运输距离之差。其计算公式为

$$超运距 = 预算定额取定运距 - 劳动定额已包括的运距$$

$$超运距用工 = \sum （超运距材料数量 \times 时间定额）$$

需要指出的是，实际工程现场运距超过预算定额取定运距时，可另行计算现场二次搬运费。

② 辅助用工。辅助用工是指技术工种劳动定额内不包括而在预算定额内又必须考虑的用工，如机械土方工程配合用工、材料加工（筛砂、洗石、淋化石膏）、电焊点火用工等。其计算公式为

$$辅助用工 = \sum （材料加工数量 \times 相应的加工劳动定额）$$

③ 人工幅度差。人工幅度差即预算定额与劳动定额的差额，主要是指在劳动定额中未包括而在正常施工情况下不可避免但又很难准确计量的用工和各种工时损失。其内容包括各工种间的工序搭接及交叉作业相互配合或影响所发生的停歇用工；施工机械在单位工程之间转移及临时水电线路移动所造成的停工；质量检查和隐蔽工程验收工作的影响；班组操作地点转移用工；工序交接时对前一工序不可避免的修整用工；施工中不可避免的其他零星用工。

人工幅度差的计算公式为

$$人工幅度差 = （基本用工 + 辅助用工 + 超运距用工） \times 人工幅度差系数$$

人工幅度差系数一般为 10% ~ 15%。在预算定额中，人工幅度差的用工量列入其他用工量中。

（2）预算定额中材料消耗量的计算　材料消耗量计算方法如图7-8所示。

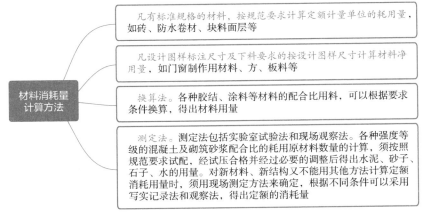

图 7-8　材料消耗量计算方法

材料损耗量是指在正常条件下不可避免的材料损耗，如现场内材料运输及施工操作过程中的损耗等。其关系式为

$$材料损耗率 = (材料损耗量/材料净用量) \times 100\%$$

$$材料损耗量 = 材料净用量 \times 材料损耗率$$

$$材料消耗量 = 材料净用量 + 材料损耗量$$

或 $$材料消耗量 = 材料净用量 \times (1 + 材料损耗率)$$

（3）预算定额中机械台班消耗量的计算　预算定额中的机械台班消耗量是指在正常施工条件下，生产单位合格产品（分部分项工程或结构构件）必须消耗的某种型号施工机械的台班数量。

1）根据施工定额确定机械台班消耗量。这种方法是指用施工定额中的机械台班产量加机械幅度差计算预算定额的机械台班消耗量。

机械台班幅度差是指在施工定额中所规定的范围内没有包括，而在实际施工中又不可避免产生的影响机械或使机械停歇的时间。其内容如下：

① 施工机械转移工作面及配套机械相互影响损失的时间。

② 在正常施工条件下，机械在施工中不可避免的工序间歇。

③ 工程开工或收尾时工作量不饱满所损失的时间。

④ 检查工程质量影响机械操作的时间。

⑤ 临时停机、停电影响机械操作的时间。

⑥ 机械维修引起的停歇时间。

大型机械幅度差系数为：土方机械25%，打桩机械33%，吊装机械30%。砂浆、混凝土搅拌机由于按小组配用，以小组产量计算机械台班产量，不另增加机械幅度差。其他分部工程中如钢筋加工、木材、水磨石等各项专用机械的幅度差为10%。

综上所述，预算定额的机械台班消耗量计算公式为

$$预算定额中机械台班消耗量 = 施工定额机械耗用台班 \times (1 + 机械幅度差系数)$$

2）以现场测定资料为基础确定机械台班消耗量。如遇到施工定额缺项者，则需要依据单位时间完成的产量测定。

二、概算定额的编制

1. 概算定额的概念

概算定额是指在预算定额的基础上，确定完成合格的单位扩大分项工程或单位扩大结构构件所需消耗的人工、材料和机械台班的数量标准，所以概算定额又称扩大结构定额。

概算定额是预算定额的综合与扩大。它将预算定额中有联系的若干个分项工程项目综合为一个概算定额项目。

概算定额与预算定额的相同之处在于，它们都是以各个结构部分和分部分项工程为单位表示的，内容也包括人工、材料和机械台班使用量定额三个基本部分，并列有基准价。概算定额表达的主要内容、主要方式及基本使用方法都与预算定额相近。

概算定额与预算定额的不同之处在于项目划分和综合扩大程度上的差异，同时，概算定额主要用于设计概算的编制。由于概算定额综合了若干分项工程的预算定额，因此概算工程量计算和概算表的编制，比编制施工图预算简化一些。

2. 概算定额的作用

概算定额的作用如图 7-9 所示。

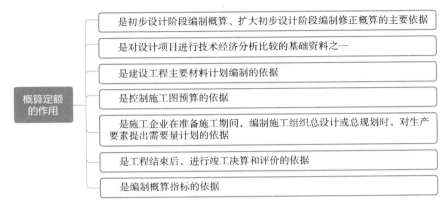

图 7-9　概算定额的作用

3. 概算定额的编制原则和编制依据

（1）概算定额的编制原则　概算定额应该贯彻社会平均水平和简明适用的原则。由于概算定额和预算定额都是工程计价的依据，所以应符合价值规律和反映现阶段大多数企业的设计、生产及施工管理水平。但在概预算定额水平之间应保留必要的幅度差。概算定额的内容和深度是以预算定额为基础的综合和扩大。在合并中不得遗漏或增加项目，以保证其严密性和正确性。概算定额务必做到简化、准确和适用。

（2）概算定额的编制依据　由于概算定额的使用范围不同，其编制依据也略有不同。概算定额的编制依据如图 7-10 所示。

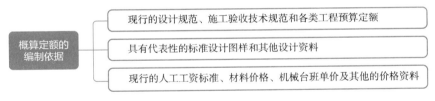

图 7-10　概算定额的编制依据

4. 概算定额的编制步骤

概算定额的编制一般分四个阶段进行，即准备阶段、编制初稿阶段、测算阶段和审查定稿阶段，如图 7-11 所示。

5. 概算定额基价的编制

概算定额基价和预算定额基价一样，包括人工费、材料费和机械费。概算定额基价是通过编制扩大单位估价表所确定的单价，用于编制设计概算。概算定额基价和预算定额基价的编制方法相同。概算定额基价的计算公式为

$$概算定额基价 = 人工费 + 材料费 + 机械费$$
$$人工费 = 现行概算定额中人工工日消耗量 \times 人工单价$$
$$材料费 = \sum （现行概算定额中材料消耗量 \times 相应材料单价）$$
$$机械费 = \sum （现行概算定额中机械台班消耗量 \times 相应机械台班单价）$$

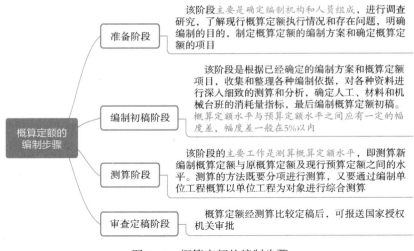

图 7-11　概算定额的编制步骤

三、概算指标的编制

1. 概算指标的概念及其作用

概算指标通常是以整个建筑物和构筑物为对象，以建筑面积、体积或成套设备装置的台或组为计量单位而规定的人工、材料、机械台班的消耗量标准和造价指标。

概算定额与概算指标的主要区别如图 7-12 所示。

图 7-12　概算定额与概算指标的主要区别

概算指标和概算定额、预算定额一样，都是与各个设计阶段相适应的多次性计价的产物，它主要用于投资估价、初步设计阶段，其作用如图 7-13 所示。

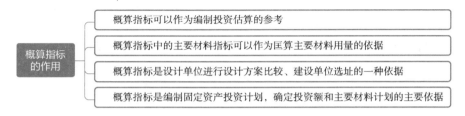

图 7-13　概算指标的作用

2. 概算指标的分类

概算指标可分为两大类，一类是建筑工程概算指标，另一类是设备安装工程概算指标，如图 7-14所示。

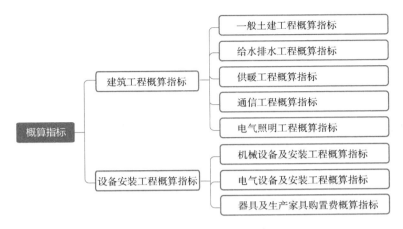

图 7-14　概算指标的分类

3. 概算指标的编制依据

概算指标的编制依据如图 7-15 所示。

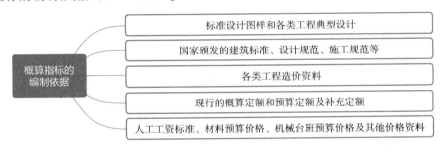

图 7-15　预算指标的编制依据

4. 概算指标的编制步骤

以装饰装修工程为例，概算指标可按以下步骤进行编制：

1）首先成立编制小组，拟订工作方案，明确编制原则和方法，确定指标的内容及表现形式，确定基价所依据的人工工资单价、材料预算价格、机械台班单价。

2）收集整理编制指标所必需的标准设计、典型设计及有代表性的工程设计图、设计预算等资料，充分利用有使用价值的、已经积累的工程造价资料。

3）编制阶段。此阶段主要是选定图样，并根据图样资料计算工程量和编制单位工程预算书，以及按编制方案确定的指标项目对照人工及主要材料消耗指标，填写概算指标的表格。

每平方米建筑面积造价指标的编制方法有以下两个方面：

①编写资料审查意见及填写设计资料名称、设计单位、设计日期、建筑面积及构造情况，提出审查和修改意见。

②在计算工程量的基础上，编制单位工程预算书，据以确定每百平方米建筑面积及构造情况以及人工、材料、机械消耗指标和单位造价的经济指标。

A. 计算工程量。根据审定的图样和预算定额计算出建筑面积及各分部分项工程量，然后按编制方案规定的项目进行归并，并以每平方米建筑面积为计算单位，换算出所对应的工程量指标。

B. 根据计算出的工程量和预算定额等资料，编出预算书，求出每百平方米建筑面积的预算造价及人工、材料、施工机械费用和材料消耗量指标。

构筑物以座为单位编制概算指标，因此，在计算完工程量，编制出预算书后，不必进行换算，预算书确定的价值就是每座构筑物概算指标的经济指标。

4）最后经过核对审核、平衡分析、水平测算、审查定稿等阶段。

四、投资估算指标的编制

1. 投资估算指标及其作用

工程建设投资估算指标是编制建设项目建议书、可行性研究报告等前期工作阶段投资估算的依据，也可以作为编制固定资产长远规划投资额的参考。投资估算指标为完成项目建设的投资估算提供依据和手段，它在固定资产的形成过程中起着投资预测、投资控制、投资效益分析的作用，是合理确定项目投资的基础。投资估算指标中的主要材料消耗量也是一种扩大材料消耗量指标，可以作为计算建设项目主要材料消耗量的基础。估算指标的正确制定对于提高投资估算的准确度，对建设项目的合理评估、正确决策具有重要意义。

2. 投资估算指标编制原则

投资估算指标的编制工作，除应遵循一般定额的编制原则外，还必须坚持的原则如图 7-16 所示。

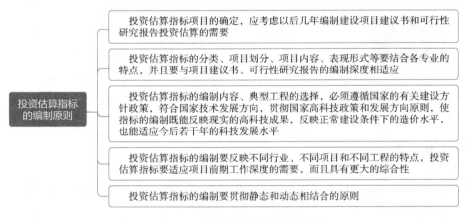

图 7-16　投资估算指标的编制原则

3. 投资估算指标的内容

投资估算指标是确定和控制建设项目全过程各项投资支出的技术经济指标，其范围涉及建设前期、建设实施期和竣工验收交付使用期等各个阶段的费用支出，内容因行业不同而各异，一般可分为建设项目综合指标、单项工程指标和单位工程指标三个层次。

（1）建设项目综合指标　是指按规定应列入建设项目总投资的从立项筹建开始至竣工验收交付使用的全部投资额，包括单项工程投资、工程建设其他费用和预备费等。

建设项目综合指标一般以项目的综合生产能力单位投资表示，如元/t、元/kW。或以使用功能表示，如医院床位：元/床。

（2）单项工程指标　是指按规定应列入能独立发挥生产能力或使用效益的单项工程内的全部投资额，包括建筑工程费，安装工程费，设备、工器具及生产家具购置费和可能包含的其他费用。单项工程划分的原则如图 7-17 所示。

单项工程指标一般以单项工程生产能力单位投资，如"元/t"或其他单位表示。如：变配电

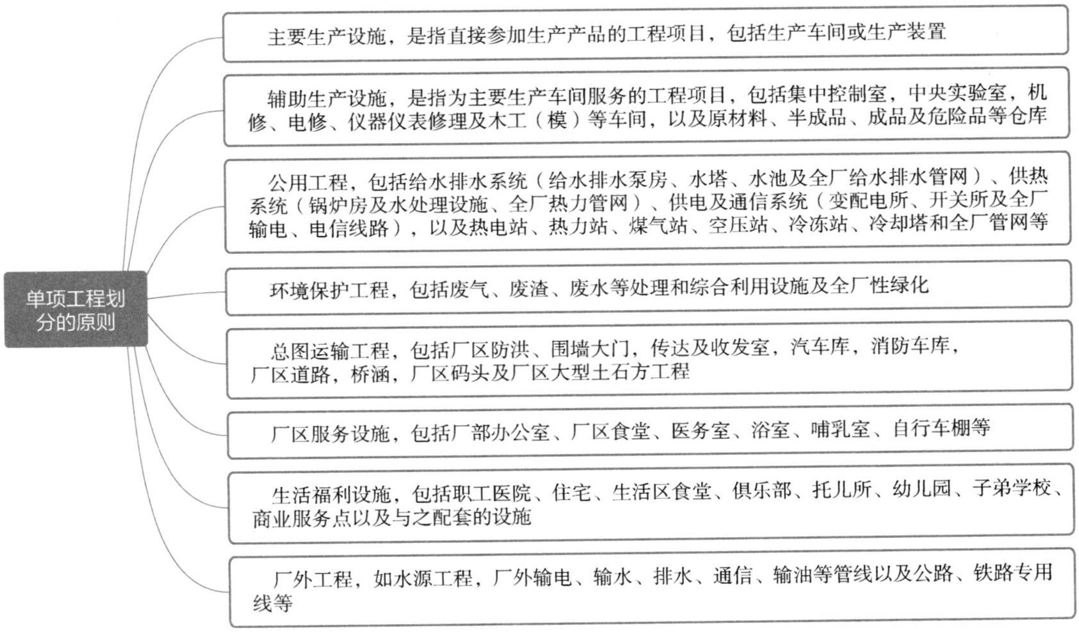

图 7-17 单项工程划分的原则

站以"元/（kV·A）"表示；锅炉房以"元/蒸汽吨"表示；供水站以"元/m³"表示；办公室、仓库、宿舍、住宅等房屋则区别不同结构形式以"元/m²"表示。

（3）单位工程指标 单位工程指标按规定应列入能独立设计、施工的工程项目的费用，即建筑安装工程费用。

单位工程指标一般以如下方式表示：房屋区别不同结构形式以"元/m²"表示；道路区别不同结构层、面层以"元/m²"表示；水塔区别不同结构层、容积以"元/座"表示；管道区别不同材质、管径以"元/m"表示。

4. 投资估算指标的编制方法

投资估算指标的编制一般分为三个阶段进行，见表7-1。

表 7-1 投资估算指标的编制阶段

项目	内容
收集整理资料阶段	收集整理已建成或正在建设的、符合现行技术政策和技术发展方向、有可能重复采用的、有代表性的工程设计施工图、标准设计以及相应的竣工决算或施工图预算资料等，这些资料是编制工作的基础，资料收集越广泛，反映出的问题越多，编制工作考虑越全面，就越有利于提高投资估算指标的实用性和覆盖面
平衡调整阶段	由于调查收集的资料来源不同，虽然经过一定的分析整理，但难免会由于设计方案、建设条件和建设时间上的差异带来的某些影响，使数据失准或漏项等。必须对有关资料进行综合平衡调整
测算审查阶段	测算是将新编的指标和选定工程的概预算在同一价格条件下进行比较，检验其"量差"的偏离程度是否在允许偏差的范围之内，如偏差过大，则要查找原因，进行修正，以保证指标的确切、实用。测算同时也是对指标编制质量进行的一次系统检查，应由专人进行，以保持测算口径的统一，在此基础上组织有关专业人员全面审查定稿

141

第四节　　　企业定额

一、企业定额的概念

企业定额是指施工企业根据本企业的施工技术和管理水平，编制完成单位合格产品所需要的人工、材料和施工机械台班的消耗量，以及其他生产经营要素消耗的数量标准。

二、企业定额的编制目的和意义

如图 7-18 所示，企业定额的编制目的和意义可分为四种。

图 7-18　企业定额的编制目的和意义

三、企业定额的作用

企业定额只能在企业内部使用，其作用如图 7-19 所示。

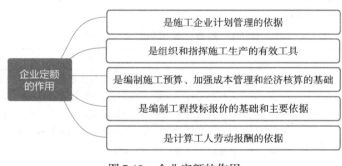

图 7-19　企业定额的作用

四、企业定额的编制

1. 编制方法

（1）现场观察测定法　我国多年来专业测定定额的常用方法是现场观察测定法。它以研究工时消耗为对象，以观察测时为手段，通过密集抽样和粗放抽样等技术进行直接的时间研究，确定人工消耗和机械台班定额水平。

现场观察测定法的特点是能够把现场工时消耗情况与施工组织技术条件联系起来加以观察、测时、计量和分析，以获得该施工过程的技术组织条件和工时消耗的有技术依据的基础资料。它不仅能为编制定额提供基础数据，还能为改善施工组织管理，改善工艺过程和操作方法，消除不合理的工时损失和进一步挖掘生产潜力提供依据。这种方法技术简便、应用面广且资料全面，适用于影响工程造价大的主要项目及新技术、新工艺、新施工方法的劳动力消耗和机械台班水平的测定。

（2）经验统计法　经验统计法是运用抽样统计的方法，从以往类似工程施工的竣工结算资料和典型设计图资料及成本核算资料中抽取若干个项目的资料，进行分析和测算的方法。

经验统计法的优点是积累过程长、统计分析细致，使用时简单易行、方便快捷；缺点是模型中考虑的因素有限，而工程实际情况则要复杂得多，对各种变化情况的需要不能一一适应，准确性也不够。

2. 编制依据

企业定额的编制依据如图 7-20 所示。

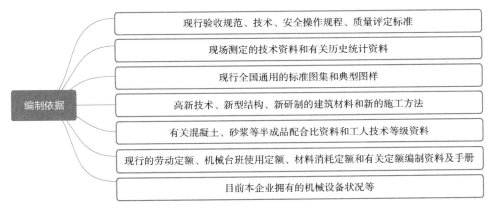

图 7-20　编制依据

第一节 装饰装修工程工程量清单及编制

一、工程量清单的概念

工程量清单是表现拟建工程的分部分项工程项目、措施项目、其他项目、规费项目、税金项目名称和相应数量的明细清单，包括分部分项工程量清单、措施项目清单、其他项目清单、规费项目清单及税金项目清单。

二、工程量清单的组成

1. 分部分项工程量清单

分部分项工程是分部工程和分项工程的总称。分部工程是单位工程的组成部分，是按结构部位、路段长度及施工特点或施工任务将单位工程划分为若干分部的工程。分项工程是分部工程的组成部分，是按不同施工方法、材料、工序及路段长度等将分部工程划分为若干个分项或项目的工程，例如，砌筑分为干砌块料、浆砌块料、砖砌体等分项工程。

分部分项工程项目清单由五个部分组成，如图8-1所示。

图 8-1 分部分项工程项目清单

（1）项目编码 项目编码是分部分项工程和措施项目清单名称的阿拉伯数字标志。分部分项工程量清单的项目编码以五级编码设置，用十二位阿拉伯数字表示。一、二、三、四级编码为全国统一，即一～九位应按计价规范附录的规定设置；第五级（即十～十二位）为清单项目编码，应根据拟建工程的工程量清单项目名称设置，不得有重号，这三位清单项目编码由招标人针对招标工程项目具体编制，并应自001起顺序编制。各级编码代表的含义如下：

1）第一级表示工程分类顺序码（分两位）。

2）第二级表示专业工程顺序码（分两位）。

3）第三级表示分部工程顺序码（分两位）。

4）第四级表示分项工程项目名称顺序码（分三位）。

5）第五级表示工程量清单项目名称顺序码（分三位）。

当同一标段（或合同段）的一份工程量清单中含有多个单位工程且工程量清单以单位工程为编制对象时，在编制工程量清单时应特别注意对项目编码十～十二位的设置不得有重码的规定。

（2）项目名称　分部分项工程量清单的项目名称应按各专业工程计量规范附录的项目名称结合拟建工程的实际确定。附录表中的"项目名称"为分项工程项目名称，是形成分部分项工程量清单项目名称的基础。即在编制分部分项工程量清单时，以附录中的分项工程项目名称为基础，考虑该项目的规格、型号、材质等特征要求，结合拟建工程的实际情况，使其工程量清单项目名称具体化、细化，以反映影响工程造价的主要因素。清单项目名称应表达详细、准确，各专业工程计量规范中的分项工程项目名称如有缺陷，招标人可做补充，并报当地工程造价管理机构（省级）备案。

（3）项目特征　项目特征是构成分部分项工程项目、措施项目自身价值的本质特征。项目特征是对项目的准确描述，是确定一个清单项目综合单价不可缺少的重要依据，是区分清单项目的依据，是履行合同义务的基础。分部分项工程量清单的项目特征应按各专业工程计量规范附录中规定的项目特征，结合技术规范、标准图集、施工图，按照工程结构、使用材质及规格或安装位置等，予以详细而准确地表述和说明。凡项目特征中未描述到的其他独有特征，由清单编制人视项目具体情况确定，以准确描述清单项目为准。

在各专业工程计量规范附录中还有关于各清单项目"工作内容"的描述。工作内容是指完成清单项目可能发生的具体工作和操作程序，但应注意的是，在编制分部分项工程量清单时，工作内容通常无须描述，因为在计价规范中，工程量清单项目与工程量计算规则、工作内容有一一对应关系，当采用计价规范这一标准时，工作内容均有规定。

（4）计量单位　计量单位应采用基本单位，除各专业另有特殊规定外均按以下单位计量：

1）以质量计算的项目——吨或千克（t或kg）。

2）以体积计算的项目——立方米（m^3）。

3）以面积计算的项目——平方米（m^2）。

4）以长度计算的项目——米（m）。

5）以自然计量单位计算的项目——个、套、块、樘、组、台等。

6）没有具体数量的项目——宗、项等。

各专业有特殊计量单位的，另外加以说明，当计量单位有两个或两个以上时，应根据所编工程量清单项目的特征要求，选择最适宜表现该项目特征并方便计量的单位。

计量单位的有效位数应遵守下列规定：以"t"为单位，应保留小数点后三位数字，第四位小数四舍五入；以"m""m^2""m^3""kg"为单位，应保留小数点后两位数字，第三位小数四舍五入；以"个""件""根""组""系统"等为单位，应取整数。

（5）工程量　工程量主要通过工程量计算规则计算得到。工程量计算规则是指对清单项目工程量的计算规定。除另有说明外，所有清单项目的工程量应以实体工程量为准，并以完成后的净值计算；投标人投标报价时，应在单价中考虑施工中的各种损耗和需要增加的工程量。根据工程量清单计价与计量规范的规定，工程量计算规则可以分为房屋建筑与装饰工程、仿古建筑工程、通用安装工程、市政工程、园林绿化工程、矿山工程、构筑物工程、城市轨道交通工程、爆破工程九大类。

随着工程建设中新材料、新技术、新工艺等的不断涌现，计量规范附录所列的工程量清单项目不可能包含所有项目。在编制工程量清单时，当出现计量规范附录中未包括的清单项目时，编制人应做补充。

编制补充项目时应注意的问题如图 8-2 所示。

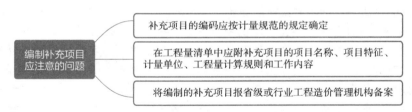

图 8-2　编制补充项目应注意的问题

2. 措施项目清单

1）措施项目清单应根据拟建工程的实际情况列项。通用措施项目可按表 8-1 选择列项，专业工程的措施项目可按《房屋建筑与装饰工程工程量计算规范》（GB 50854—2013）附录中规定的项目选择列项。若出现此规范未列的项目，可根据工程实际情况补充。

表 8-1　通用措施项目一览表

序号	项目名称
1　通用项目	
1.1	环境保护
1.2	文明施工
1.3	安全施工
1.4	临时设施
1.5	夜间施工
1.6	二次搬运
1.7	大型机械设备进出场及安拆
1.8	混凝土、钢筋混凝土模板及支架
1.9	脚手架
1.10	已完工程及设备保护
1.11	施工排水、降水
2　建筑工程	
2.1	垂直运输机械
3　装饰装修工程	
3.1	垂直运输机械
3.2	室内空气污染测试
4　安装工程	
4.1	组装平台
4.2	设备、管道施工的安全、防冻和焊接保护措施
4.3	压力容器和高压管道的检验
4.4	焦炉施工大棚
4.5	焦炉烘炉、热态工程
4.6	管道安装后的充气保护措施

（续）

序号	项目名称
4.7	隧道内施工的通风、供水、供气、供电、照明及通信设施
4.8	现场施工围栏
4.9	长输管道临时水工保护设施
4.10	长输管道施工便道
4.11	长输管道跨越或穿越施工措施
4.12	长输管道穿越地下建筑物的保护措施
4.13	长输管道工程施工队伍调遣
4.14	格架式抱杆
5　市政工程	
5.1	围堰
5.2	筑岛
5.3	现场施工围栏
5.4	便道
5.5	便桥
5.6	洞内施工的通风、供水、供气、供电、照明及通信设施
5.7	驳岸块石清理

2）措施项目中可以计算工程量的项目清单宜采用分部分项工程量清单的方式编制，列出项目编码、项目名称、项目特征、计量单位和工程量计算规则；不能计算工程量的项目清单，以"项"为计量单位。

3. 其他项目清单

其他项目清单是指分部分项工程量清单、措施项目清单所包含的内容以外，因招标人的特殊要求而发生的与拟建工程有关的其他费用项目和相应数量的清单。

工程建设标准的高低、工程的复杂程度、工程的工期长短、工程的组成内容、发包人对工程管理要求等都直接影响其他项目清单的具体内容。

其他项目清单的组成如图8-3所示。

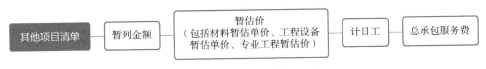

图8-3　其他项目清单的组成

（1）暂列金额　暂列金额是指招标人在工程量清单中暂定并包括在合同价款中的一笔款项，用于工程合同签订时尚未确定或者不可预见的所需材料、工程设备、服务的采购，施工中可能发生的工程变更、合同约定调整因素出现时的合同价款调整，以及发生的索赔、现场签证确认等的费用。不管采用何种合同形式，其理想的标准是，一份合同的价格就是其最终的竣工结算价格，或者至少两者应尽可能接近。

（2）暂估价　暂估价是指招标人在工程量清单中提供的用于支付必然发生但暂时不能确定价格的材料、工程设备的单价及专业工程的金额，包括材料暂估单价、工程设备暂估单价和专业工程暂估价。暂估价数量和拟用项目应当结合工程量清单中的"暂估价表"予以补充说明。为方便合同管理，需要纳入分部分项工程量清单项目综合单价中的暂估价应只是材料、工程设备暂估单价，以方便投标人组价。

专业工程的暂估价一般应是综合暂估价，应当包括除规费和税金以外的管理费、利润等取费。公开透明地合理确定这类暂估价的实际开支金额的最佳途径就是通过施工总承包人与工程建设项目招标人共同组织的招标。

暂估价中的材料、工程设备暂估单价应根据工程造价信息或参照市场价格估算，列出明细表；专业工程暂估价应分不同专业，按有关计价规定估算，列出明细表。

（3）计日工　计日工是指在施工过程中，承包人完成发包人提出的工程合同范围以外的零星项目或工作，按合同中约定的单价计价的一种方式。

计日工是为了解决现场发生的零星工作的计价而设立的。国际上常见的标准合同条款中，大多数都设立了计日工计价机制。计日工对完成零星工作所消耗的人工工时、材料数量、施工机械台班进行计量，并按照计日工表中填报的适用项目的单价进行计价支付。

计日工适用的所谓零星项目或工作一般是指合同约定之外的或者因变更而产生的、工程量清单中没有相应项目的额外工作，尤其是那些难以事先商定价格的额外工作。

（4）总承包服务费　总承包服务费是指总承包人为配合协调发包人进行的专业工程发包，对发包人自行采购的材料、工程设备等进行保管及施工现场管理、竣工资料汇总整理等服务所需的费用。招标人应预计该项费用并按投标人的投标报价向投标人支付该项费用。

4. 规费、税金项目清单

1）规费项目清单的组成如图8-4所示。

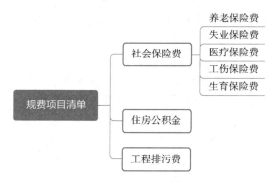

图8-4　规费项目清单的组成

2）税金项目清单的组成如图8-5所示。

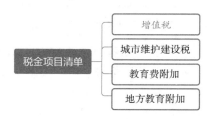

图8-5　税金项目清单的组成

注：出现计价规范未列的项目，应根据税务部门的规定列项。

三、装饰装修工程工程量清单的编制

1. 工程量清单的编制依据

工程量清单的编制依据如图 8-6 所示。

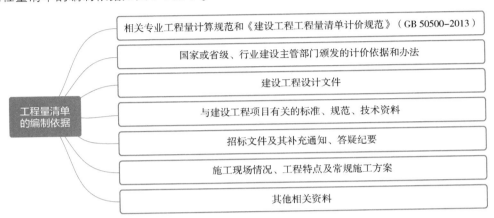

图 8-6　工程量清单的编制依据

2. 工程量清单的编制程序

工程量清单的编制程序可分为五个步骤，如图 8-7 所示。

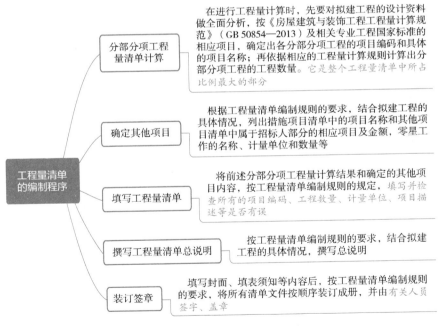

图 8-7　工程量清单的编制程序

第二节　工程量清单计价的概述

一、工程量清单计价的概念

工程量清单计价是指投标人按照招标文件的规定，根据工程量清单所列项目，参照工程量清单计价依据计算的全部费用。

二、工程量清单计价的作用

工程量清单计价的作用如图8-8所示。

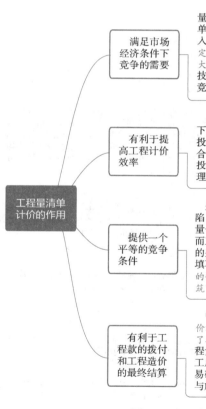

| | 满足市场经济条件下竞争的需要 | 招标投标过程就是竞争的过程，招标人提供工程量清单，投标人根据自身情况确定综合单价，利用单价与工程量逐项计算每个项目的合价，再分别填入工程量清单表内，计算出投标总价。单价成了决定性的因素，定高了不能中标，定低了又要承担过大的风险。单价的高低直接取决于企业管理水平和技术水平的高低，这种局面促成了企业整体实力的竞争，有利于我国建设市场的快速发展 |

招标投标过程就是竞争的过程，招标人提供工程量清单，投标人根据自身情况确定综合单价，利用单价与工程量逐项计算每个项目的合价，再分别填入工程量清单表内，计算出投标总价。单价成了决定性的因素，定高了不能中标，定低了又要承担过大的风险。单价的高低直接取决于企业管理水平和技术水平的高低，这种局面促成了企业整体实力的竞争，有利于我国建设市场的快速发展

满足市场经济条件下竞争的需要

有利于提高工程计价效率

采用工程量清单计价方式，避免了传统计价方式下招标人与投标人在工程量计算上的重复工作，各投标人以招标人提供的工程量清单为统一平台，结合自身的管理水平和施工方案进行报价，促进了各投标人企业定额的完善和工程造价信息的积累和整理，体现了现代工程建设中快速报价的要求

工程量清单计价的作用

提供一个平等的竞争条件

采用施工图预算来投标报价，由于设计图样的缺陷，不同施工企业的人员理解不一，计算出的工程量也不同，报价就更相去甚远，也容易产生纠纷。而工程量清单报价就为投标者提供了一个平等竞争的条件，相同的工程量，由企业根据自身的实力来填不同的单价。投标人的这种自主报价，使得企业的优势体现到投标报价中，可在一定程度上规范建筑市场秩序，确保工程质量

有利于工程款的拨付和工程造价的最终结算

中标后，业主要与中标单位签订施工合同，中标价就是确定合同价的基础，投标清单上的单价就成了拨付工程款的依据。业主根据施工企业完成的工程量，可以很容易地确定进度款的拨付额。工程竣工后，根据设计变更、工程量增减等，业主也很容易确定工程的最终造价，可在某种程度上减少业主与施工单位之间的纠纷

图8-8　工程量清单计价的作用

三、工程量清单计价的基本方法与程序

工程量清单计价的基本过程可以描述为：在统一的工程量清单项目设置的基础上，制订工程

量清单计量规则，根据具体工程的施工图计算出各个清单项目的工程量，再根据各种渠道所获得的工程造价信息和经验数据计算得到工程造价。这一基本的计算过程如图8-9所示。

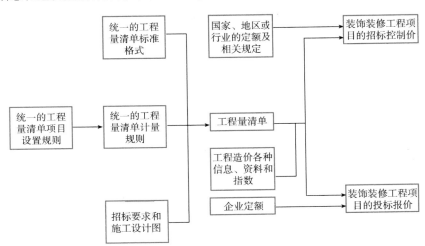

图8-9　装饰装修工程造价工程量清单计价过程示意图

从工程量清单计价过程示意图中可以看出，其编制过程可以分为两个阶段，即工程量清单的编制和利用工程量清单来编制投标报价（或招标控制价）。投标报价是在业主提供的工程量计算结果的基础上，根据企业自身所掌握的各种信息、资料，结合企业定额编制得出的。

1）分部分项工程费 = $\sum$（分部分项工程量 × 相应分部分项综合单价）。

2）措施项目费 = $\sum$ 各措施项目费。

3）其他项目费 = 暂列金额 + 暂估价 + 计日工 + 总承包服务费。

4）单位工程报价 = 分部分项工程费 + 措施项目费 + 其他项目费 + 规费 + 税金。

5）单项工程报价 = $\sum$ 单位工程报价。

6）装饰装修工程项目总报价 = $\sum$ 单项工程报价。

式中，综合单价是指完成一个规定计量单位的分部分项工程量清单项目或措施清单项目所需的人工费、材料费、施工机械使用费和企业管理费与利润，以及一定范围内的风险费用。

暂列金额是指招标人在工程量清单中暂定并包括在合同价款中的一笔款项，用于施工合同签订时尚未确定或者不可预见的所需材料、设备、服务的采购，施工中可能发生的工程变更、合同约定调整因素出现时的工程价款调整以及发生的索赔、现场签证确认等的费用。

暂估价是指招标人在工程量清单中提供的用于支付必然发生但暂时不能确定价格的材料的单价以及专业工程的金额。

计日工是指在施工过程中，对完成发包人提出的施工图以外的零星项目或工作，按合同中约定的综合单价计价的一种计价方式。

总承包服务费是指总承包人为配合协调发包人进行的工程分包，对自行采购的设备、材料等进行管理，提供相关服务以及施工现场管理、竣工资料汇总整理等服务所需的费用。

四、工程量清单计价的适用范围与操作过程

工程量清单计价的适用范围与操作过程见表8-2。

表 8-2　工程量清单计价的适用范围与操作过程

项目	内容
适用范围	（1）国有资金投资的工程建设项目如下： 1）使用各级财政预算资金的项目 2）使用纳入财政管理的各种政府性专项建设资金的项目 3）使用国有企事业单位自有资金，并且国有资产投资者实际拥有控制权的项目 （2）国家融资资金投资的工程建设项目如下： 1）使用国家发行债券所筹资金的项目 2）使用国家对外借款或者担保所筹资金的项目 3）使用国家政策性贷款的项目 4）国家授权投资主体融资的项目 5）国家特许的融资项目 （3）国有资金（含国家融资资金）为主的工程建设项目是指国有资金占投资总额50%以上，或虽不足50%但国有投资者实质上拥有控股权的工程建设项目
操作过程	（1）工程量清单的编制 （2）招标控制价、投标报价的编制 （3）工程合同价款的约定 （4）竣工结算的办理 （5）施工过程中的工程计量、工程价款支付、索赔与现场签证、工程价款调整和工程计价争议处理等活动

五、建设工程造价的组成

采用工程量清单计价，建设工程造价由分部分项工程费、措施项目费、其他项目费和规费、税金组成，如图 8-10 所示。

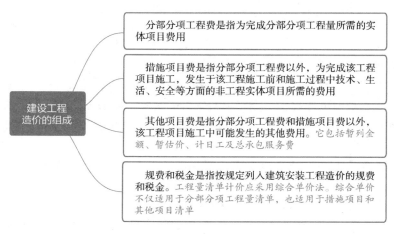

图 8-10　建设工程造价的组成

第三节　　工程量清单计价的应用

一、招标控制价

招标控制价是招标人根据国家或省级、行业建设主管部门颁发的有关计价依据和办法,以及拟定的招标文件和招标工程量清单,编制的招标工程的最高限价。国有资金投资的工程建设项目应实行工程量清单招标,并应编制招标控制价,招标控制价应由具有编制能力的招标人或受其委托具有相应资质的工程造价咨询人编制。

二、投标价

投标价是由投标人按照招标文件的要求,根据工程特点,并结合企业定额及企业自身的施工技术、装备和管理水平,依据有关规定自主确定的工程造价,是投标人投标时报出的过程合同价,是投标人希望达成工程承包交易的期望价格,它不能高于招标人设定的招标控制价。

三、合同价款的确定与调整

合同价是在工程发、承包交易过程中,由发、承包双方在施工合同中约定的工程造价。采用招标发包的工程,其合同价格应为投标人的中标价。在发、承包双方履行合同的过程中,当国家的法律、法规、规章及政策发生变化时,国家或省级、行业建设主管部门或其授权的工程造价管理机构据此发布工程造价调整文件,合同价款应当进行调整。

四、竣工结算价

竣工结算价是由发、承包双方依据国家有关法律、法规和标准规定,按照合同约定确定的,包括在履行合同过程中按合同约定进行的工程变更、索赔和价款调整,是承包人按合同约定完成了全部承包工作后,发包人应付给承包人的合同总金额。

第九章　装饰装修工程造价软件应用

第一节　广联达工程造价算量软件基础知识

一、广联达算量软件简介

随着社会的进步，造价行业也逐步深化，建筑市场上工程造价计算软件也多种多样，人机的结合使得操作方便，软件包含清单和定额两种计算规则，运算速度快，计算结果精准，为广大工程造价人员提供了巨大方便。现阶段最常见、最常用、最受欢迎及最值得信赖的造价计算软件是广联达软件，产品被广泛使用于房屋建筑、工业与基础设施三大行业。举世瞩目的奥运鸟巢、上海迪士尼、上海中心大厦、广州东塔等工程中，广联达产品均有深入应用，并赢得好评。

二、广联达软件类别

广联达软件主要包括工程量清单计价软件（GBQ）、图形算量软件（GCL）、钢筋算量软件（GGJ）、钢筋翻样软件（GFY）、安装算量软件（GQI）、材料管理软件（GMM）、精装算量软件（GDQ）、市政算量软件（GMA）等，用于进行套价、工程量计算、钢筋用量计算、钢筋现场管控、安装工程量计算、材料的管理、装修的工程量价处理、桥梁及道路等的工程量计算等。软件内置了规范和图集，自动实行扣减，还可以根据各公司和个人需要，对其进行设置修改，选择需要的格式报表等。安装好广联达工程算量和造价系列软件后，装上相对应的加密锁，双击计算机屏幕上的图标，即可启动软件。

第二节　广联达精装算量软件 GDQ 概述

一、广联达精装算量软件 GDQ 简介

广联达精装算量软件 GDQ 是国内第一款装饰算量软件，专门针对大型公共装饰工程，可以处

理一些简单的园林、外装工程，也可以解决招标投标、过程提量、结算对量过程中出现的问题。

二、广联达精装算量软件 GDQ 算量流程

广联达精装算量软件 GDQ 算量流程如图 9-1 所示。

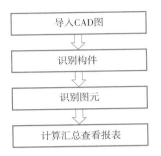

图 9-1　广联达精装算量软件 GDQ 算量流程

三、广联达精装算量软件 GDQ 功能介绍

1. "图层设置" 功能

当导入的 CAD 图很大或导入了多幅图时，切换起来比较麻烦，或者要使用 "选择内部点识别" 时需要隐藏一部分 CAD 线，这时就可利用软件中的 "图层设置" 功能，对 CAD 图进行显示与隐藏。在每个装饰构件的图层中，均有 "图层设置" 功能。下面以楼地面图层为例进行说明。

1）单击 "图层设置" 按钮，弹出下拉菜单，如图 9-2 所示。

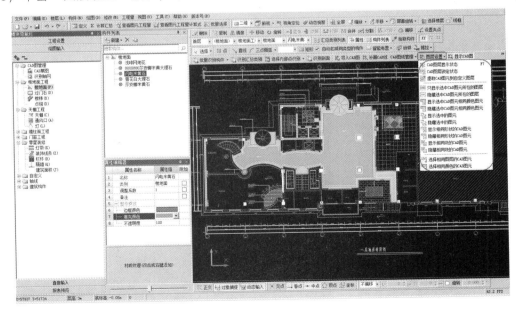

图 9-2　图层设置（一）

①"CAD 图层显示状态"：对 "CAD 原始图层" 和 "已提取的 CAD 图层" 进行显示与隐藏的控制。

②"CAD 图层锁定状态"：对已经提取的 CAD 图层进行锁定，锁定后的图元可以一直显示，但是不能被识别。

③"提取 CAD 图元到自定义图层"：把 CAD 图元提取到自定义的图层，更方便显示、隐藏或者锁定。

2）其他功能都是显示、隐藏与选中 CAD 图元相关的功能。下面以"隐藏选中 CAD 图元所在的图层"为例，单击"隐藏选中 CAD 图元所在的图层"按钮，如图 9-3 所示。

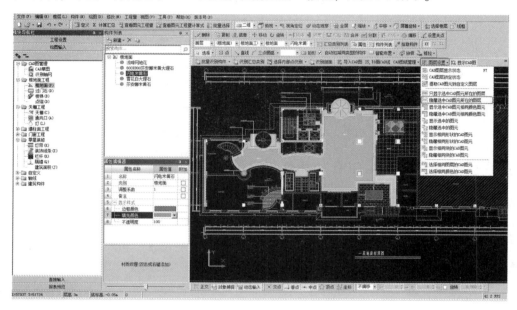

图 9-3　图层设置（二）

3）单击异形大堂区域里的任意一条黄色线，右键确认，如图 9-4 所示。

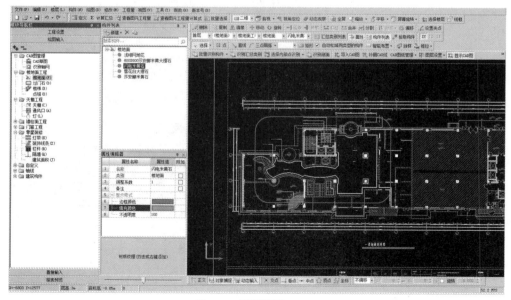

图 9-4　图层设置（三）

2. "补画 CAD 线"功能

当 CAD 图绘制不完整或者需要使用"选择内部点识别"功能识别时，却发现该区域不是封闭的，这时需要补画 CAD 线。在每个装饰构件图层中，都有"补画 CAD 线"功能。下面以楼地面图层为例进行说明。

1）单击"补画 CAD 线"按钮，如图 9-5 所示。

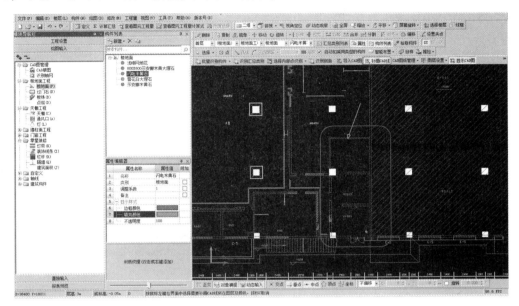

图 9-5　补画 CAD 线（一）

2）选择要补画 CAD 线的图层，然后在需要补画的地方进行绘制，如图 9-6 所示。

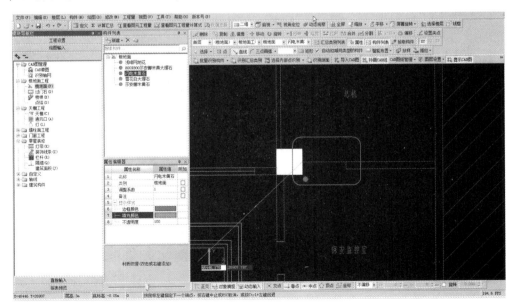

图 9-6　补画 CAD 线（二）

3. "推拉立面板" 功能

当天棚工程中有跌级天棚时，或者墙面上有凸出墙面柱时，软件提供了"推拉"功能。下面以处理跌级天棚为例进行说明。

1）单击"推拉"—"推拉立面板"按钮，会自动切换到"动态观察"状态，如图 9-7 所示。

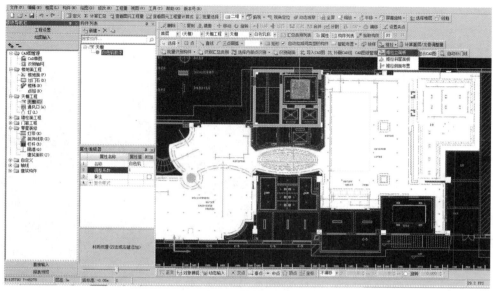

图 9-7　推拉（一）

2）鼠标左键点选要推拉的椭圆区域，右键确认。鼠标向上移动为向上推拉，鼠标向下移动为向下推拉，如图 9-8 所示。

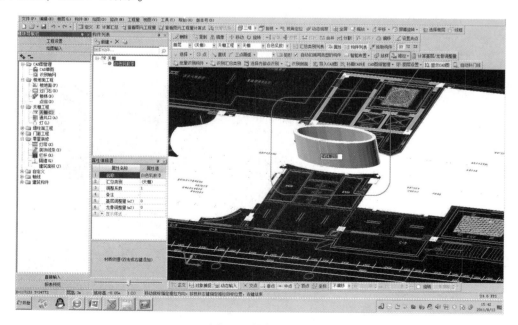

图 9-8　推拉（二）

3）根据剖面图在动态输入框中输入每个跌级的高度，按 < Enter > 键确认。

小提示："推拉立面板"功能产生立面板的原则是当两个图元有共边时，在共边上会产生立面板，没有共边的图元就不产生立面板。

4."推拉斜屋面板"功能

在天棚工程中经常会遇到有斜屋面的情况，软件提供了"推拉斜屋面板"功能来解决这个问题。下面以天棚工程为例进行说明。

1）单击"推拉"—"推拉斜屋面板"按钮，会自动切换到"动态观察"状态，如图9-9所示。

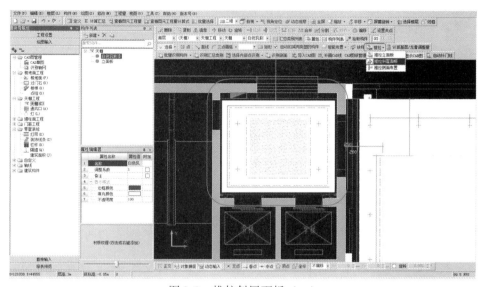

图9-9 推拉斜屋面板（一）

2）鼠标左键点选要推拉的区域，右键确认。鼠标向上移动为向上推拉，鼠标向下移动为向下推拉。在动态输入框里输入两个面的高差，按＜Enter＞键确认，如图9-10所示。

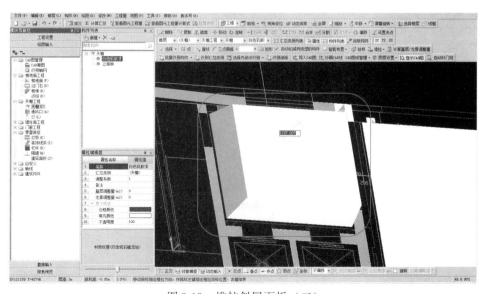

图9-10 推拉斜屋面板（二）

5. "推拉侧面布置" 功能

跌级天棚中立面板通常需单独提量，为了快速算出立面板的量，软件提供了"推拉侧面布置"功能，下面以天棚图层为例进行说明。

1）单击"推拉"—"推拉侧面布置"按钮，切换到"动态观察"状态，如图9-11所示。

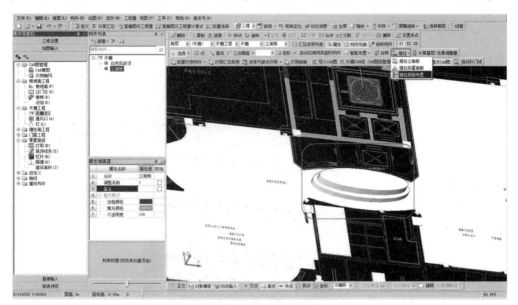

图 9-11　推拉侧面布置（一）

2）在"构件列表"中选择立面板的材质，鼠标左键点选推拉后顶面的图元，如图9-12所示。

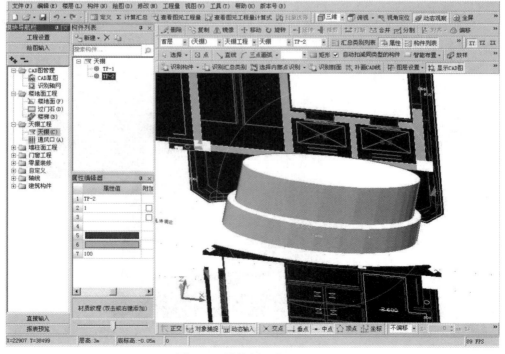

图 9-12　推拉侧面布置（二）

6. "放样" 功能

当天棚的造型比较复杂或者有暗藏灯带时，软件提供了 "放样" 功能来解决这个问题。下面以天棚为例进行说明。

1）在 "天棚" 图层，单击 "放样" 按钮，弹出 "多边形编辑器" 窗口，如图9-13 所示。

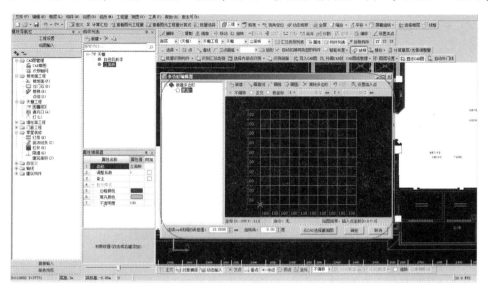

图 9-13　放样（一）

2）单击 "新建多边形" 按钮，再单击 "新建" 按钮，可以绘制截面图；也可以单击 "从 CAD 选择截面图" 按钮，在 CAD 图中选择截面图，如图 9-14 所示。

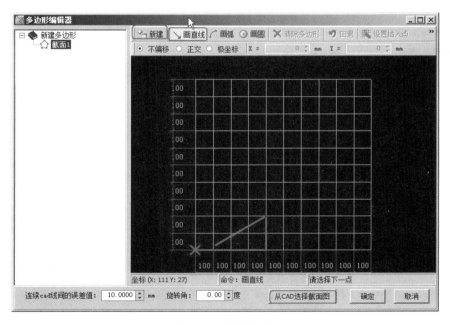

图 9-14　放样（二）

3）截面图绘制完成后或者识别完成后，单击"确定"按钮，切换到"动态观察"状态，选择放样路径，可以按住 <Shift> 键全部选择，同时也可以按 <Shift> 键切换剖面的方向，如图 9-15 所示。

图 9-15　放样（三）

7. "按照 CAD 线生成" 功能

在"天棚""墙面""踢脚线"图层，均有"按照 CAD 线生成"功能，能够快速生成图元，下面以墙面为例进行说明。

1）单击"智能布置"—"按照 CAD 线生成"按钮，自动切换到"动态观察"状态，如图 9-16 所示。

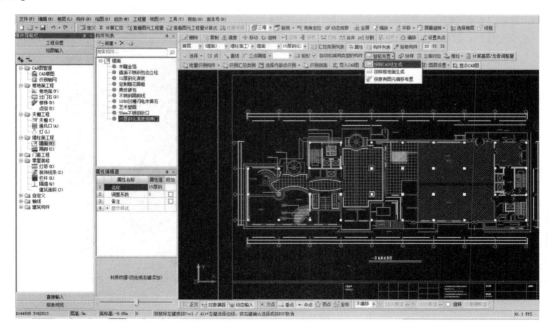

图 9-16　按照 CAD 线生成（一）

2）选中要生成墙面的 CAD 线，右键确认，向上移动鼠标，在动态输入框中输入墙面的高度，按 < Enter > 键确认，如图 9-17 所示。

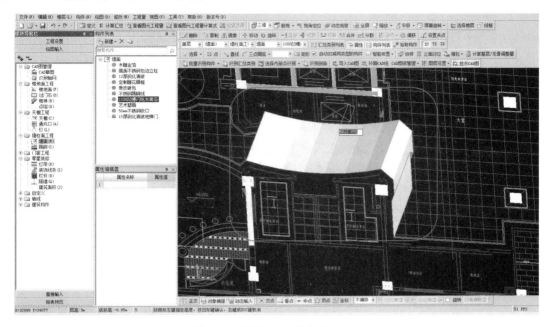

图 9-17　按照 CAD 线生成（二）

8. "按原有图元偏移布置"功能

1）在"天棚""墙面""踢脚线"图层，单击"智能布置"—"按原有图元偏移布置"按钮，可以单选也可以按住 < Shift > 键全部选择需要偏移的图元边线，如图 9-18 所示。

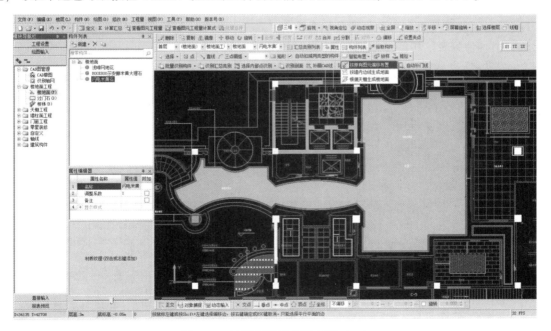

图 9-18　按原有图元偏移布置（一）

2）可以在动态输入框中输入要偏移的值，也可以鼠标左键选择要偏移到的边线，如图 9-19 所示。

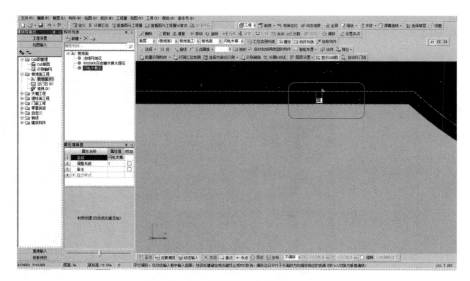

图 9-19　按原有图元偏移布置（二）

小提示："按原有图元偏移布置"功能生成的图元，与原图元是分开的，通常此功能被用来解决楼地面中的波打线问题。使用该功能时，按住 <Ctrl> 键可以在水平和垂直方向来回切换。

9．"套取做法"功能

套取清单定额，没有固定的顺序，可以根据实际情况选择。可以在材质名称刚刚识别完毕就套取，也可以在全部绘制完毕再套取。如果只是用软件单纯算量、提量，就不需要套取清单定额。下面以楼地面套取做法为例进行说明。

1）双击"构件列表"中的材质名称或单击"定义"按钮，切换到"楼地面"—"定义"界面，选中"构件列表"中的"闪电米黄石"，如图 9-20 所示。

图 9-20　套取做法（一）

2）单击"查询"—"查询清单库"按钮，从中选择相应的清单条目；单击"查询"—"查询定额库"按钮，从中选择相应的定额条目，如图9-21所示。

图 9-21　套取做法（二）

第三节　广联达精装算量软件 GDQ 应用

装饰装修工程在用软件做处理时，主要按照以下顺序进行：新建工程及导图→楼地面工程→天棚工程→墙面工程→零星装修→报表。

一、新建工程及导图

在计算机桌面找到 GDQ 精装算量软件，双击打开，进入"新建工程"界面，输入"工程名称"，选择需要的"标书模式"。需要注意的是，不同标书模式的工程所出的报表不一样，所以要注意选项。单击"下一步"按钮进入"工程信息"编辑界面，根据个人需要进行填写，再连续单击"下一步"按钮直到完成工程的新建，进入楼层的建立。楼层的设置要注意楼层的插入，光标选在"首层"上，单击"插入楼层"按钮可插入楼上部分，光标选在"基础层"可插入地下部分。楼层设置完成后，单击"绘图输入"按钮，进入"绘图界面"。

软件算量的思路与手算一致，首先要计算楼地面，先导入楼地面图样。精装修图样一般分为模型和布局，其大部分都是在布局中设计的，所以导入精装修图样时，常会导入布局图样，但是要根据图样的具体位置选择性导入。导入图样后，由于图样在绘制时不是按照 1:1 绘制的，因此可通过"设置比例"对其进行调整，"设置比例"可以一次性调整全部导入图样的比例，操作快速、简单。

设置好比例后，要对此工程进行保存，单击"保存"按钮，选择工程保存的路径，如桌面，这时发现桌面会生成两个文件，一个是工程文件，另一个是与工程同名的存放图样的文件夹。一定要保存好这两个文件，这样下次打开工程文件时就不用再重复导入图样了。

二、楼地面工程

首先要了解软件算量的三部曲：识别构件→识别图元→提量出量。

（1）识别构件　识别构件：一次只能识别一个构件，适用于多个文本的情况；批量识别构件：一次可以识别多个构件，适用于一次识别多个单文本构件名称，可以点选或者框选材质名称，选中的材质名称就会进入构件列表中。

识别完构件，CAD中字体的颜色会变成深绿色，说明识别成功，如图9-22所示。

在绘图时，可采用直线、矩形和三点画弧的方式去完成图形绘制。

（2）识别图元　首先在"构件列表"中选择要算量的材质名称，如地毯，对于这种异形的封闭区域，直接单击"内部点识别"按钮，然后把鼠标移动到绘图区该材质对应的区域，可以看到鼠标周围会生成一个亮显的白框，如果是要识别的区域，直接单击鼠标左键就可以看到在相应位置生成了一个图元，非常直观。如果生成的亮显的白框非常小，就需要一个个地进行识别，这样比较麻烦，这时候可以先单击"图层设置"下的"隐藏

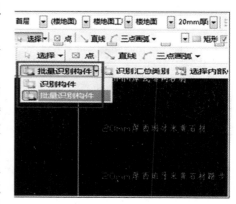

图9-22　构件识别

选中的图元"按钮，然后按住<Ctrl>键，再选择想要隐藏的一根线，会发现同一图层的CAD图元均被选中，如果想选中同一颜色就在选择线时按住<Alt>键，右键确定即可隐藏。重新单击"内部点识别"按钮即可进行布置。识别完成后，就可以单击"图层设置"下的"还原隐藏CAD图元"按钮，把已经隐藏的图元还原回来。

（3）提量出量　先选择楼地面，修改楼地面的汇总类别，修改完后，单击"查看工程量"按钮，在前面绘制好的异形楼地面处单击鼠标左键，就可以查看工程量及相应的计算式，不需要进行"汇总计算"。

三、天棚工程

同样按照软件算量的三部曲进行操作，即识别构件→识别图元→提量出量。

先导入CAD图样，这时两张图样同时存在，为了不相互影响，可以使用"锁定识别CAD"把楼地面的图样锁定。单击"图层设置"下的"锁定识别CAD"按钮，拉框选择楼地面图样，右键确定，楼地面图样的颜色就变暗了，即表示已被锁定，不会再干扰后期的识别操作。如果以后需要再操作这张图样，只需要使用"解锁识别CAD"即可解除锁定。

后面的步骤同楼地面的内容，只需记住软件处理的三部曲即可。

四、报表

装修算量通常需要按照房间汇总出量，先划分房间。

首先，单击"识别汇总类别"按钮，选择房间名称，选择完成后右键确认。这时打开"汇总类别列表"，房间名称就已经识别过来了。

然后，单击"楼层"菜单下的"块选择"按钮，按照房间区域选择图元。拉框选择某个房间，修改"属性编辑器"中的"汇总类别"，属性为房间名称；修改后的图元，在查看工程量时就到了房间里。

把房间划分好后，单击"计算汇总"按钮，软件就会自动汇总出各种报表，弹出汇总完成的对话框后，单击"确定"按钮，切换到"报表预览"界面就可以看到多张报表了。其中"绘图输入工程量汇总表"按照楼层、房间、部位、材质进行了分级统计，同时"绘图输入构件工程量计算书"把计算式列得非常清楚，便于核查。除此之外，还有按照清单定额汇总的"汇总信息构件汇总表"，可以根据自己的需要选择报表。

五、常见问题处理

1）计算时，若需要乘以经验系数，则选中该图元，修改其"属性编辑器"中的"调整系数"的属性值即可。查看工程量就可以看到该图元的工程量已经乘以了调整系数。

2）对于完全或部分装修一致的，可以使用层间复制功能，选择从其他楼层复制构件图元，将图元复制到其他层。

3）两张图来回切换时，可以单击"视角定位"按钮快速地实现两张图之间的切换。

4）绘制完所有图元，要根据相应的工程量套取做法。切换到定义界面，可以看到有相应的做法区可以进行清单定额的添加。可以手动添加或将计算机中装好的清单定额库中的做法加入所选构件下，也可以通过选择"工程量表达式"选取正确的量。

5）当双方对量时，如果出现工程量不一致的情况，单击"报表反查"按钮，在弹出的对话框中选择工程量差异的图元名称，然后单击"反查"按钮，就可以直接定位到绘图输入界面的该图元位置。

得到报表后，为了方便组价，可以在计价软件中直接导入精装算量软件的工程文件，或者从精装软件中导出报表后，再将报表导入计价软件中。

第十章 装饰装修工程综合计算实例

实例一

某商务楼会议室吊顶天棚平面图及剖面图如图10-1所示。

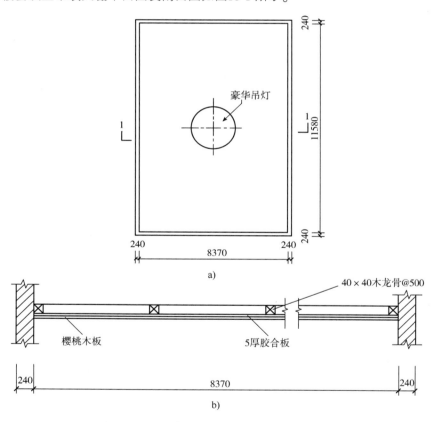

图 10-1　某商务楼会议室吊顶天棚平面图及剖面图
a）吊顶平面图　b）1—1剖面

1）吊顶天棚清单工程量。

$11.58 \times 8.37 \mathrm{m}^2 = 96.92 \mathrm{m}^2$

2）吊顶天棚定额工程量。

木龙骨的工程量：$8.37 \times 11.58 \mathrm{m}^2 = 96.92 \mathrm{m}^2$

胶合板的工程量：$8.37 \times 11.58\text{m}^2 = 96.92\text{m}^2$

樱桃木板的工程量：$8.37 \times 11.58\text{m}^2 = 96.92\text{m}^2$

龙骨刷防火涂料的工程量：$8.37 \times 11.58\text{m}^2 = 96.92\text{m}^2$

木板面刷防火涂料的工程量：$8.37 \times 11.58\text{m}^2 = 96.92\text{m}^2$

3）各项费用计算。

①吊顶天棚。

A. 木龙骨。

人工费：4.00×96.92 元 $= 387.68$ 元

材料费：34.16×96.92 元 $= 3310.79$ 元

机械费：0.05×96.92 元 $= 4.85$ 元

小计：（$387.68 + 3310.79 + 4.85$）元 $= 3703.32$ 元

B. 胶合板。

人工费：1.78×96.92 元 $= 172.52$ 元

材料费：19.50×96.92 元 $= 1889.94$ 元

小计：（$172.52 + 1889.94$）元 $= 2062.46$ 元

C. 樱桃木板。

人工费：3.00×96.92 元 $= 290.76$ 元

材料费：34.33×96.92 元 $= 3327.26$ 元

小计：（$290.76 + 3327.26$）元 $= 3618.02$ 元

D. 综合单价。

直接工程费：（$3703.32 + 2062.46 + 3618.02$）元 $= 9383.80$ 元

管理费：9383.80 元 $\times 34\% = 3190.49$ 元

利润：9383.80 元 $\times 8\% = 750.70$ 元

合计：（$9383.80 + 3190.49 + 750.70$）元 $= 13324.99$ 元

吊顶天棚综合单价：（$13324.99 \div 96.92$）元 $= 137.48$ 元

②天棚面油漆。

A. 油漆。

人工费：3.65×96.92 元 $= 353.76$ 元

材料费：2.38×96.92 元 $= 230.67$ 元

小计：（$353.76 + 230.67$）元 $= 584.43$ 元

B. 木龙骨刷防火涂料。

人工费：3.88×96.92 元 $= 376.05$ 元

材料费：5.59×96.92 元 $= 541.78$ 元

小计：（$376.05 + 541.78$）元 $= 917.83$ 元

C. 木板面刷防火涂料。

人工费：2.24×96.92 元 $= 217.10$ 元

材料费：3.71×96.92 元 $= 359.57$ 元

小计：（$217.70 + 359.57$）元 $= 576.67$ 元

D. 综合单价。

直接工程费：（$584.43 + 917.83 + 576.67$）元 $= 2078.93$ 元

管理费：2078.93 元 × 34% = 706.84 元

利润：2078.93 元 × 8% = 166.31 元

合计：（2078.93 + 706.84 + 166.31）元 = 2952.08 元

天棚面油漆综合单价：（2952.08 ÷ 96.92）元 = 30.46 元

4）分部分项工程量清单与计价表见表 10-1。

表 10-1　分部分项工程量清单与计价表（一）

序号	项目编码	项目名称	项目特征	计量单位	工程数量	金额/元	
						综合单价	合价
1	011302001001	吊顶天棚	1. 吊顶形式：平面天棚 2. 龙骨材料类型、中距：木龙骨面层规格450mm×450mm 3. 基层、面层材料：胶合板、樱花木板	m²	96.92	137.48	13324.99
2	011404005001	天棚面油漆	油漆、防护：刷清漆两遍、刷防火涂料两遍	m²	96.92	30.46	2952.08
			小计				16277.07
			合计				16277.07

5）工程量清单综合单价分析表见表 10-2 和表 10-3（管理费和利润费率取 42%）。

表 10-2　工程量清单综合单价分析表（一）

项目编号	011302001001		项目名称	吊顶天棚		计量单位		m²

清单综合单价组成明细

定额编号	定额内容	定额单位	数量	单价/元			合价/元			
				人工费	材料费	机械费	人工费	材料费	机械费	管理费和利润
3-018	制作安装木楞、混凝土板下的木楞防腐油	m²	1.000	4.00	34.16	0.05	4.00	34.16	0.05	16.05
3-075	安装天棚基层：五合板基层	m²	1.000	1.78	19.50	—	1.78	19.50	—	8.94
3-107	安装面层：樱桃木板面层	m²	1.000	3.00	34.33	—	3.00	34.33	—	15.67
人工单价			小计				8.78	87.99	0.05	40.66
25 元（工日）			未计价材料费				—			
清单项目综合单价							137.48			

表 10-3　工程量清单综合单价分析表（二）

项目编号	011404005001		项目名称		天棚面油漆		计量单位		m²

清单综合单价组成明细

定额编号	定额内容	定额单位	数量	单价/元			合价/元			
				人工费	材料费	机械费	人工费	材料费	机械费	管理费和利润
5-060	油漆	m²	1.000	3.65	2.38	—	3.65	2.38	—	2.53
5-159	木龙骨刷防火涂料	m²	1.000	3.88	5.59	—	3.88	5.59	—	3.98
5-164	木面板刷防火涂料	m²	1.000	2.24	3.71	—	2.24	3.71	—	2.50
人工单价			小计				9.77	11.68	—	9.01
25 元（工日）			未计价材料费				—			
清单项目综合单价							30.46			

实例二

某住宅楼卫生间如图10-2 所示。

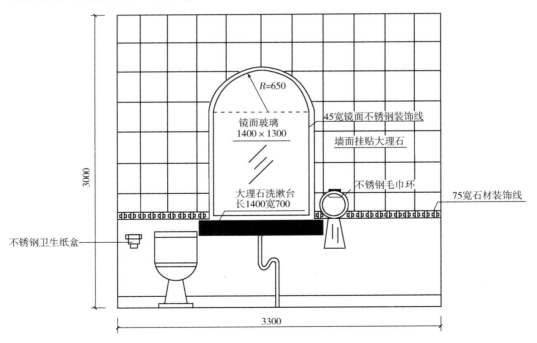

图 10-2　某住宅楼卫生间

1）清单工程量。

镜面玻璃的工程量：$(1.4 \times 1.3 + 0.5\pi \times 0.65^2)$ m² $= 2.48$ m²

毛巾环的工程量：1副

镜面不锈钢装饰线的工程量：$[1.4 \times 2 + 0.045 \times 2 + 1.3 + 0.5 \times 2 \times (0.65 + 0.045/2)\pi]m = 6.30m$

石材装饰线的工程量：$[3.3 - (1.3 + 0.045 \times 2)]m = 1.91m$

2）定额工程量同清单工程量计算结果。

3）各项费用计算。

① 镜面玻璃。

人工费：10.70×2.48 元 $= 26.54$ 元

材料费：225.17×2.48 元 $= 558.42$ 元

机械费：0.66×2.48 元 $= 1.64$ 元

直接工程费：（$26.54 + 558.42 + 1.64$）元 $= 586.60$ 元

管理费：586.60 元 $\times 34\% = 199.44$ 元

利润：586.60 元 $\times 8\% = 46.93$ 元

总计：（$586.60 + 199.44 + 46.93$）元 $= 832.97$ 元

综合单价：（$832.97 \div 2.48$）元 $= 335.88$ 元

② 毛巾环。

人工费：0.45 元 $\times 1 = 0.45$ 元

材料费：36.72 元 $\times 1 = 36.72$ 元

直接工程费：（$0.45 + 36.72$）元 $= 37.17$ 元

管理费：37.17 元 $\times 34\% = 12.64$ 元

利润：37.17 元 $\times 8\% = 2.97$ 元

总计：（$37.17 + 12.64 + 2.97$）元 $= 52.78$ 元

综合单价：（$52.78 \div 1$）元 $= 52.78$ 元

③ 镜面不锈钢装饰线。

人工费：1.39×6.30 元 $= 8.76$ 元

材料费：19.99×6.30 元 $= 125.94$ 元

直接工程费：（$8.76 + 125.94$）元 $= 134.70$ 元

管理费：134.70 元 $\times 34\% = 45.80$ 元

利润：134.70 元 $\times 8\% = 10.78$ 元

总计：（$134.70 + 45.80 + 10.78$）元 $= 191.28$ 元

综合单价：（$191.28 \div 6.30$）元 $= 30.36$ 元

④ 石材装饰线。

人工费：1.39×1.91 元 $= 2.65$ 元

材料费：307.23×1.91 元 $= 586.81$ 元

机械费：0.16×1.91 元 $= 0.31$ 元

直接工程费：（$2.65 + 586.81 + 0.31$）元 $= 589.77$ 元

管理费：589.77 元 $\times 34\% = 200.52$ 元

利润：589.77 元 $\times 8\% = 47.18$ 元

总计：（$589.77 + 200.52 + 47.18$）元 $= 837.47$ 元

综合单价：（$837.47 \div 1.91$）元 $= 438.47$ 元

4）分部分项工程量清单与计价表见表10-4。

表10-4　分部分项工程量清单与计价表（二）

序号	项目编码	项目名称	项目特征	计量单位	工程数量	金额/元	
						综合单价	合价
1	020603009001	镜面玻璃	镜面玻璃品种、规格：6mm 厚，1400mm×1100mm	m²	2.48	335.88	832.97
2	020603006001	毛巾环	材料品种、规格：毛巾环	副	1	52.78	52.78
3	020604005001	镜面不锈钢装饰线	（1）基层类型：3mm 厚胶合板 （2）线条材料品种、规格：50mm 宽镜面不锈钢板 （3）结合层材料种类：水泥砂浆 1:3	m	6.20	30.36	188.23
4	020604003001	石材装饰线	线条材料品种、规格：80mm 宽石材装饰线	m	1.91	438.47	837.47
			小计				1911.45
			合计				1911.45

5）工程量清单综合单价分析表见表10-5～表10-8（管理费和利润费率取42%）。

表10-5　工程量清单综合单价分析表（三）

项目编号	020603009001	项目名称	镜面玻璃	计量单位	m²

清单综合单价组成明细

定额编号	定额内容	定额单位	数量	单价/元			合价/元			
				人工费	材料费	机械费	人工费	材料费	机械费	管理费和利润
6-112	镜面玻璃	m²	1	10.70	225.17	0.66	10.70	225.17	0.66	99.35
人工单价			小计				10.70	225.17	0.66	99.35
25 元（工日）			未计价材料费				—			
清单项目综合单价							335.88			

表10-6　工程量清单综合单价分析表（四）

项目编号	020603006001	项目名称	毛巾环	计量单位	副

清单综合单价组成明细

定额编号	定额内容	定额单位	数量	单价/元			合价/元			
				人工费	材料费	机械费	人工费	材料费	机械费	管理费和利润
6-201	毛巾环	副	1	0.45	36.72	—	0.45	36.72	—	15.61
人工单价			小计				0.45	36.72	—	15.61
25 元（工日）			未计价材料费				—			
清单项目综合单价							52.78			

表 10-7　工程量清单综合单价分析表（五）

项目编号	020604005001	项目名称	镜面不锈钢装饰线	计量单位		m

清单综合单价组成明细

定额编号	定额内容	定额单位	数量	单价/元			合价/元			
				人工费	材料费	机械费	人工费	材料费	机械费	管理费和利润
6-064	镜面不锈钢装饰线	m	1	1.39	19.99	—	1.39	19.99	—	8.98
人工单价			小计				1.39	19.99	—	8.98
25元（工日）			未计价材料费				—			
清单项目综合单价							30.36			

表 10-8　工程量清单综合单价分析表（六）

项目编号	020604003001	项目名称	石材装饰线	计量单位		m

清单综合单价组成明细

定额编号	定额内容	定额单位	数量	单价/元			合价/元			
				人工费	材料费	机械费	人工费	材料费	机械费	管理费和利润
6-087	石材装饰线	m	1	1.39	307.23	0.16	1.39	307.23	0.16	129.69
人工单价			小计				1.39	307.23	0.16	129.69
25元（工日）			未计价材料费				—			
清单项目综合单价							438.47			

参 考 文 献

［1］ 中华人民共和国住房和城乡建设部，中华人民共和国国家质量监督检验检疫总局．建设工程工程量清单计价规范：GB 50500—2013［S］．北京：中国计划出版社，2013.

［2］ 中华人民共和国住房和城乡建设部．建筑结构制图标准：GB/T 50105—2010［S］．北京：中国建筑工业出版社，2011.

［3］ 滕道社．建筑装饰装修工程概预算［M］．北京：中国水利水电出版社，2012.

［4］ 顾湘东．建筑装饰装修工程预算［M］．长沙：湖南大学出版社，2011.

［5］ 刘伊生．建设工程全面造价管理——模式·制度·组织·队伍［M］．北京：中国建筑工业出版社，2010.